中国杉木王

THE KINGS OF CHINESE FIR

马祥庆 主编

中国林業出版社

图书在版编目（CIP）数据

中国杉木王 / 马祥庆主编 . ——北京 : 中国林业出版社 , 2014.12
ISBN 978-7-5038-7754-4
Ⅰ. ①中… Ⅱ. ①马… Ⅲ. ①杉木—介绍—中国 Ⅳ . ① S791.27
中国版本图书馆 CIP 数据核字 (2014) 第 279035 号

封面题字：俞新妥

责任编辑：李　伟
出　　版：中国林业出版社（100009　北京西城德内大街刘海胡同 7 号）
网　　址：http://lycb.forestry.gov.cn
电　　话：(010) 83143544
发　　行：中国林业出版社
制　　版：北京捷艺轩彩印制版技术有限公司
印　　刷：北京中科印刷有限公司
版　　次：2014 年 12 月第 1 版
印　　次：2014 年 12 月第 1 次
开　　本：889mm × 1194mm　1/16
印　　张：11.5
字　　数：250 千字
印　　数：1~1000 册
定　　价：128.00 元

中国杉木王

THE KINGS OF CHINESE FIR

主　编：马祥庆

副主编：吴鹏飞

编　委：黄木生

陈细贞

邹显花

陈奶莲

序

PREFACE

杉木 *Cunninghamia lanceolata*（Lamb.）Hook. 是7500万年前遗留的活化石，是我国最重要的速生用材树种之一，具有生长快、材性好、单产高、分布广等特点。由于第四纪冰川的原因，杉木属植物在多数地区相继灭绝，仅杉木残存在我国长江以南和越南北部，成为该属植物的残遗中心。据史料记载，杉木的人工栽培历史已有1600多年，栽培面积遍及我国南方17个省区，分布区南北跨10个纬度，东西跨15个经度。广大林农在长期的杉木生产过程中积累了丰富的栽杉经验。由于杉木寿命很长，有的可以活上千年，深受群众的喜爱，在我国南方各省均分布有大量的“杉木王”资源，许多当地居民将其奉为“神树”。

“杉木王”经过长期的自然选择，形成了适应当地气候、土壤条件的特殊地理生态类型和遗传变异，不仅是历经大自然磨炼的宝贵生物资源和自然历史遗产，而且还融进了地方的民族风俗，成为地域文化的重要组成部分。“杉木王”记录着长期以来杉木分布区的气候变迁，见证了历史的演变，具有重要的科学研究和文化价值。因此，保护和挖掘这些珍贵的“杉木王”资源显得极为迫切。

近年来随着集体林权制度改革的不断推进，杉木人工造林面积不断增大，天然林面积减少，使得大量野生杉木种质资源受到破坏；同时由于全国各地大量栽植杉木，长期以来不同产区之间的杉木种源相互调拨，造成各地杉木人工林的种源来源不清，导致目前全国杉木种质资源管理比较混乱。因此这些种质来源清楚的“杉木王”是极其珍贵的遗传资源，进行不同“杉木王”种质资源的收集和遗传多样性分析，对于确定全国杉木产区的历史分布范围和杉木种群的分布格局具有重要现实意义。

本人在1979年对福建各地分布的20株“杉木王”资源进行生长调查，发现福建杉木王因年龄大、树冠宽、树干高，易受到风折、雪压、雷击以及病虫害等因素的影响。近年来国家林业局杉木工程技术研究中心的科研人员在马祥庆教授的带领下到全国杉木产区，对全国各地的“杉木王”进行了实地调查，收集了全国不同产区“杉木王”种质资源，并对其遗传多样性进行分析。本书根据这次调查结果和收集的部分资料，对全国不同产区的“杉木王”资源进行整理，图文并茂地展示“杉木王”的苍朴身姿。该书的出版可为研究全国杉木种群分布格局和建立杉木种质资源库提供科学依据。

《中国杉木王》一书具有很高的经济、文化、学术研究价值，是一本集观赏性、史料性、知识性和科学性为一体的图书，可供广大林业科技人员、高等院校师生阅读。希望本书出版能唤起人们共同保护、参与研究杉木古树科学文化价值的意识，传承名木古树蕴藏的文化、经济、科研遗产。特此为序。

俞新妥

2014年4月

前言

INTRODUCTION

杉木是我国南方最重要的商品用材树种之一，具有生长快、产量高、材质好、用途广等特点。杉木木材纹理通直，结构细致，材质轻软，易于加工，不易开裂，抗蛀耐腐，具有芳香气味，深受群众喜爱，被广泛用于建筑、桥梁、船舶、家具等行业。我国杉木的栽培历史悠久，人工栽培面积广。据《第七次全国森林资源清查报告》，我国杉木林面积达 1126.87 万公顷，其中人工林面积为 853.86 万公顷，占人工林总面积的 21.35%，蓄积量 62036.5 万立方米，占人工林总蓄积量的 31.6%，居人工林各树种的首位，在我国林业生产中占十分重要地位。

杉木自然分布于我国南方 17 个省区，分布区南北跨 10 个纬度，东西跨 15 个经度。根据我国杉木分布区的气候、地貌、植被等自然条件和杉木生长情况，目前全国杉木分布区可划分为北带、中带和南带。由于长期以来不同分布区杉木受地理隔离、气候变化、异花授粉、遗传漂移、突变迁移等因素的影响，杉木种群内的遗传分化明显，其外部形态、生殖、生理、生化、材性等发生了许多变异，形成了形态、生理特性各异的不同地理类型。这些不同的杉木种质资源在长期自然选择下形成了许多可遗传的特殊性状，是研究杉木种群分布格局及其遗传多样性的珍贵材料，具有重要的科学研究价值。1958 年俞新妥教授就在国内率先开展了不同杉木种源的造林试验，随后国内营造了许多不同种源杉木的试验林。根据不同种源试验林的试验结果及选优调查，各地收集了大量不同种源的杉木遗传材料，建立了杉木不同世代的种子园，为杉木的人工造林提供良种。但由于长期以来不同产区之间杉木种源的相互调拨，造成各地杉木人工林种子来源不清，由此导致杉木种质资源管理混乱；而且由于全国不同时期营造的杉木种源试验林很多遭到破坏，现在要找到来源清楚的杉木种源已相当困难。由于杉木生长寿命长，素有“万木之王”的美称，目前在我国南方各省区分布有不少的“杉木王”，许多当地居民将其奉为“神树”。当前如何保护这些不同种源的“杉木王”资源显得极为迫切。

创建杉木王种质资源库具有重要的实践意义和理论意义。杉木虽然在我国已有 1600 多年的栽培历史，但是天然、古老的杉木大多已被砍伐，树龄百年以上的杉木十分少见，收集这些“杉木王”的种质基因资源，可以保护濒临丢失的“杉木王”资源，也为杂交育种等科学研究提供了物质基础和理论依据。

为收集和保护全国的“杉木王”种质资源，研究中国杉木种群的分布格局，我们组织科研人员在全国各省市林业部门的帮助下，进行了全国 15 个省区“杉木王”资源的实地调查，详细调查了“杉木王”的生长情况（树高、枝下高、胸径、冠幅）、环境条件（地理位置、海拔高度、土壤、气候情况）和历史文化传说，并收集了大量的杉木穗条进行迁地扦插保存，拍摄了不同“杉木王”的图片。根据这次调查结果和收集的资料，我们按照杉木的自然分布区对全国不同产区“杉木王”

资源进行整理成册，供广大读者欣赏和参考，为研究不同种源杉木的遗传多样性和建立杉木优良基因库提供科学依据。

探索中国“杉木王”是一段穿越历史的美妙时光之旅，本书以照片展示为主，配以适当的文字介绍，图文并茂，目的是唤醒人们对杉木古树的重视，让这些古“杉木王”发出历史的声音，述说当地亘古不变的传奇。虽然作者尽了很大的努力，但由于时间和水平的限制，错误和不足之处在所难免，敬请同行批评指正。

本书的出版得到福建农林大学的资助。在本书撰写过程中，得到福建农林大学林学院、国家林业局杉木工程技术研究中心各位同仁的大力支持和帮助，黄木生、陈细贞、邹显花、江硕、程飞、张玫瑰等研究生及本科生参加外业调查，在外业调查中先后得到南方各省区林业厅和林业局大量同仁的支持和帮助，俞新妥教授作序，并题写书名，林开敏研究员、何宗明研究员提出宝贵修改意见，在此一并表示衷心的感谢！

马祥庆

2014 年 4 月

目录

CATALOGUE

Contents

第1章 杉木的起源与地理分布

Chapter One
Provenance and geographic distribution of Chinese fir

一、杉木的起源

众多学者根据化石、出土文物、历史文献等方面对杉木的起源进行研究后认为：杉木属 *Cunninghamia* 植物起源于中生代晚侏罗纪或早白垩纪的东西环太平洋地区，我国东北、华北北部和朝鲜、日本、俄罗斯西伯利亚东南部是起源中心和早期分化中心。晚白垩纪扩散到北美，新生代早在第三纪古新代扩散到西欧，形成北美、欧洲两个次生中心，古新世至渐新世发展成北半球的广布种，渐新世至第四纪早更新世扩散到我国长江流域及其以南地区。由于第四纪冰川的原因，杉木属植物在大多数地区相继灭绝，仅有杉木一种残存在我国长江以南和越南北方，成为该属植物的残遗中心[1]。我国东北、华北北部、内蒙古是杉木的最早起源地。从古地理和古气候看，晚侏罗纪至早白垩纪期间杉木在我国大部分地区位于北纬 5~40° 地带，以后逐渐推移至现今位置[2]。

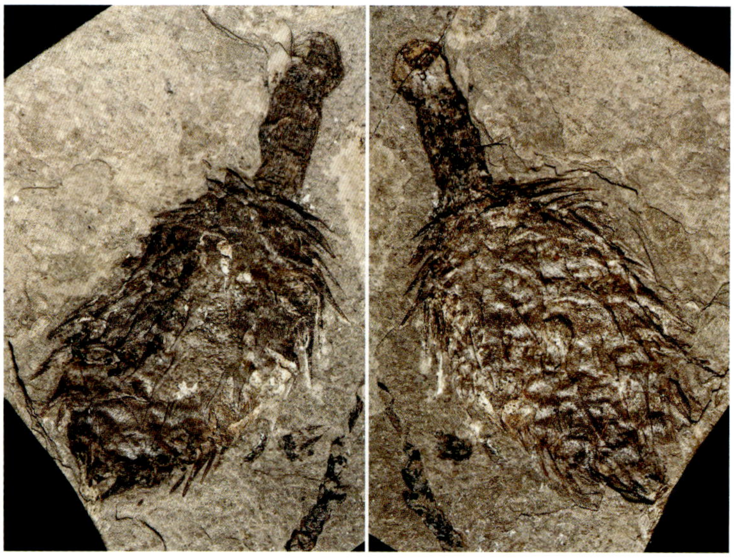

△ 杉木属球果化石

来源于 http://www.thefossilforum.com/index.php?/topic/22625-some-photos-from-the-vernon-lapidary-clubs-annual-show/

图片发布者：Palaeopix

杉木属 *Cunninghamia* sp. 球果化石，球果长 3.2cm，形成于 5000 万年前，采集于麦克阿比化石床（McAbee Fossil Beds）遗址。该遗址位于加拿大不列颠哥伦比亚省的卡什溪附近（Cache Creek，British Columbia，Canada）。照片中两块化石恰巧从球果中间分开，是至今为止难得一见的完整杉木属球果化石。

吴中伦[3]认为现今杉木的分布区与杉木的自然分布区大体相同。彭镇华[4]根据历史文献对杉木起源进行分析发现：现今认为的杉木边缘产区或者杉木的栽培引种产区，大多可能是杉木的自然分布区。侯伯鑫[5]根据化石记录推测，杉木起源时间是晚侏罗纪，而我国东北地区、华北北部地区以及内蒙古等地区是杉木起源中心。由于第四纪冰期的影响，全球气候急剧恶化，使得杉木分布区向南移，在大部分原产地的杉木相继灭绝，形成了现今杉木在我国秦岭、淮河以南等部分地区生长的杉木残遗中心。刘建锋等[6]采用 Bioclim 模型预测杉木在气候变化情况下的潜在适生区，验证了杉木目前潜在适生区模拟结果与历史文献记录的杉木适生区变化是一致的。

二、杉木的地理分布

1. 杉木分布区自然概况

杉木是我国重要的造林树种，自然分布区域辽阔，在福建、湖南、江西、江苏、贵州、浙江、云南、海南、四川、广东、广西、陕西、湖北、安徽、河南、甘肃和台湾等17个省区均有分布，大致位于东经101°30′~121°53′，北纬21°41′~34°03′[7]。

杉木自然分布区属于亚热带湿润气候，温暖湿润，降雨丰富。一般适生于年均温度12~23°C，年有效积温5100~6000°C，1月平均气温1~12°C，极端最低气温不低于–17°C，7月平均气温24~32°C，年降水量1200~2200mm，降水与蒸发比1.0~1.4，相对湿度77%以上，全年雨日约150~160天，无霜期270天以上的地区。杉木中心产区黔东南、湘西南、闽北、浙南、赣南、桂北和粤北等地区均具有温暖、湿润、多雨的气候特点。

▽ 武夷山自然保护区麻粟村杉阔混交林　　贾亚运　摄

杉木分布区内土壤条件各不相同，可大致归纳为北带以黄棕壤为主，中带是酸性红壤、黄壤和黄棕壤，南带则主要是红壤。土层厚度 60cm 以上，土壤含水量生长季节应在 25% 以上，土壤腐殖质厚度不低于 15cm，有机质含量在 40cm 厚的土层内应不低于 2%，以 3%~4% 为最佳，土壤 pH 值为 4.5~6.5 之间为适，土壤容重应不大于 1.25，最好在 1.0 以下；母岩多是页岩、板岩、千枚岩、花岗岩、片麻岩，而砂岩类、碳酸盐岩类及红黏土、下蜀系黄土等均不适宜；母质以塌积及坡积土为佳，残积土相对较差 [8]。

杉木分布区内的山地和丘陵面积广，60% 以上分布在山岭重叠、丘陵起伏的多山地区。分布区内主要山脉有东西走向的秦岭、大巴山和南岭，秦岭向东延伸还有伏牛山、桐柏山、大别山，直至安徽、江苏的宁镇丘陵；南岭西接云贵高原东部的苗岭，东至福建武夷山。还有许多东北、西南走向的山系，如巫山、大娄山、武陵山、河南的雪峰山、幕阜山、九岭山、罗霄山脉、江浙交界的怀玉山等；安徽黄山、福建戴云山、浙江天目山等山系构成了幅员辽阔的中低山及丘陵 [7]。

杉木分布区内森林植物区系复杂，类型多样。由于各杉木分布地带的气候类型等原因，分布区内的植被类型各异。落叶阔叶林、常绿阔叶林、针叶林、常绿阔落叶混交林、竹林等具有显著的地带性。杉木林林下植被受立地条件、林分不同发育阶段等的影响，不同地带不同起源的杉木林林下植被变化大。

2. 杉木的水平分布 [3]

现代杉木地理分布大致位于东经 101°30′~121°53′，北纬 21°31′~34°03′。东西约 1000km，南北约 800km。水平分布区北界西起秦岭南麓，大致经过留坝、柞水、商县；向东至桐柏山和大别山北麓，主要包括桐柏、信阳、商城、新城、金寨、六安、霍山、舒城、庐江；直至黄山北坡的前山丘陵，包括铜陵、繁昌、泾县；由此再向北延伸至长江南岸（句容、溧阳），后绕太湖西岸至杭州湾，至舟山岛。由大别山至杭州北界，同时也是杉木分布的东界。

西界大致为康藏高原东侧，其北起陕西省南部秦岭西部南坡，向南顺四川盆地边缘的平武、北川、绵竹及岷江中下游，再向南沿盆地西南边缘向青衣江河谷至天全、宝兴、卢山、荥经，向大渡河谷深入直至汉源、石棉，至康定附近的磨西面；经安宁河和雅砻江河谷的西昌、德昌、盐源，止于云南高原的东部（会泽、沾益、师宗、屏边大围山）。

东界的北段与北界相一致；南段与南界相一致。南界除台湾山地外，顺福建沿海向南绕广东沿海山地至雷州半岛北部信宜、茂名一带山区；向西至广东沿海地区的合浦、中越交界的大青山；往西延伸至云南省的马关、文山、蒙自，止于屏边大围山。

▽ 杉木分布区　　程飞 吴鹏飞　绘

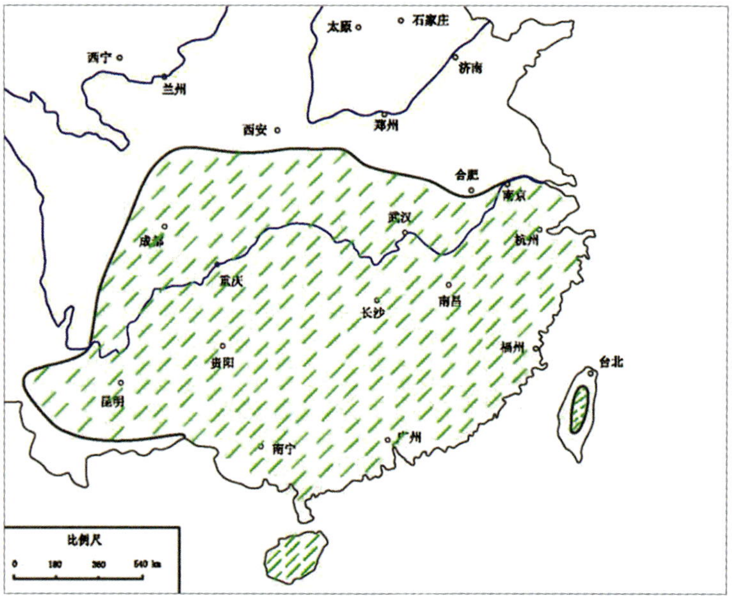

3. 杉木的垂直分布 [7]

杉木的垂直分布幅度较宽，随纬度和地貌的变化而变化，杉木生长存在明显的纬度地带性差异。其分布范围因地而异，可达 600~1200m 以上，四川自长江沿岸约 200m 起，升至西南端 2600m 的山地；福建武夷山区 250~1500m，台湾北部 400~2300m；杉木南带低山丘陵的广东西江地区 140~500m。杉木垂直分布的上下限，还与我国的地貌、山体范围有关，东南沿海的莲花山、九莲山、云雾山、云开大山和六万大山，杉木垂直分布的下限约 150m，上限为 980m；中部南岭山地，分布下限是 200m 左右，上限则约为 1800m；中西部的武陵山、大娄山，杉木分布的下限上升至 800m，上限 1500m 左右；西部的乌蒙山 800~2000m；西昌地区的牦牛山 1300~2900m；云南会泽则达到 2900m。

杉木在各地的垂直梯度变化差异显著，总体趋势为东南向西北逐渐增高。北部海拔一般在 800m 以下，东部海拔一般在 700m 以下，西部海拔一般在 1800m 以下，在云南省境内海拔高度可达 2800m，总体上看，我国东北和南部，杉木分布在海拔较低的地区；而在我国北部和西部则分布在海拔较高的地区。

4. 杉木的分布区区划

1955 年，吴中伦 [3] 对杉木的地理分布研究认为，杉木分布的中心地区主要为长江中下游南岸支流、华东、华南沿海各河流的中上游山区；南至粤北，北至皖南地区，主要包括福建、湖南、江西、浙江、安徽、四川、贵州、广西、广东等 11 个省份的大部分地区。1957 年俞新妥 [7] 开始杉木产地试验，研究发现以湖南会同、四川彭县等 9 个产地的杉木种源最佳，安徽休宁的杉木种源最差，并对杉木产区进行划分，将其分为杉木中心产区、杉木一般产区、杉木边缘产区。陈岳武等 [9] 对 11 个杉木产地的杉木遗传变异进行研究，提出杉木群体是多种源起源中心的渐变群体，分别有湘桂黔、湘南、闽北、大别山等 4 个种源起源中心。此后，全国地理种源研究组进一步将杉木分布区（暂缺台湾省）划分为 9 个种源区：秦巴山地种源区，四川盆地周围山地种源区，大别山桐柏山种源区，黄山天目山种源区，安宁河流域山原种源区，雅砻江、贵州山原种源区，南岭山地种源区，湘鄂赣山地丘陵种源区，闽粤桂滇南部山地丘陵种源区 [7]。

根据气候、地貌、植被等的差异，可将我国的杉木分布区划分为 3 个带和 5 个区：杉木北带（西区、东区）、杉木中带（西区、中区、东区）、杉木南带 [7,10]。

（1）杉木北带西区：本区属陕南秦巴山区，包括甘肃小陇山南段武都、康县以南白龙江下游流域；陕西秦岭南坡 (800m 以下)，汉水流域的汉中、安康地区；四川大巴山及神农架山区；河南伏牛山南坡卢氏、西坪等县。本区是杉木分布的北缘，北有秦岭屏障阻挡，形成一个半封闭式的独特单元，寒潮不易侵入，东南季风可沿汉江谷地进入。由于地势较高，热量不足，降水量较少，比较干旱，主要为黄棕壤，加之土壤黏重，杉木生长除局部地方外，一般较差。

（2）杉木北带东区：本区主要包括河南信阳地区的豫南山地，湖北鄂东北低山丘陵，安徽的大别山山地，以及江苏的宁镇山丘；浙江天目山区，以及长江三角洲和杭州湾。东区地形较低，大陆性气候显著，与华北平原直接相连接，受寒潮影响较大，伏季干旱，秋季干燥。本区地貌类型主要是低山、丘陵和平原。不同地貌类型杉木生产力具有较大差异。

（3）杉木中带西区：本区为杉木分布西部边缘区，产区较为分散，呈不连续分布，如滇西的腾冲、龙陵一带，滇东南的马关一带，杉木呈岛状分布。本区大体范围为川西高原南缘，滇西北横断山脉高山峡谷以外的云南高原，及北盘江以西的云南高原向贵州延伸部分，以及广西红水河以西的黔桂山地。本区杉木分布有三片：即川西南雅砻江、安宁河流域（包括德昌、米易、会理、会东、盐源、盐边、冕宁及宁南等地），以山地为主；滇东、滇东北（包括威信、镇雄、彝良、大关、盐津、绥江、罗平、师宗大部及永善、富源部分地区）以中山峡谷地貌为主；滇东南（包括富宁、西畴、麻栗坡、马关、元阳、绿春等县）是地处高原的南部边缘，地貌以中山为主，低中山及中山峡谷次之。冬春气温较高，有明显的干旱现象，在划定杉木基地及选择杉木宜林地时，要选择局部多雨及重山叠岭的地形。

（4）杉木中带中区：本区大体范围是巫山、武陵山、雪峰山以西，大巴山以北，邛崃山脉及北盘江、红水河一线以东地区、其间还有大娄山和苗岭。本区地势复杂，包含盆地及盆地边缘散布的丘陵、低山、中山地貌、河谷地、南部云贵高原向湘西丘陵过渡地段等。本区自然条件比较复杂，适宜杉木生长的条件以海拔900m以下的低山为最好，低中山和丘陵次之。

（5）杉木中带东区：本区范围大体是武陵山、雪峰山以西，南岭山地以北及长江流域以南。自武陵山、雪峰山，东抵海岸线，北起黄山北坡、天目山南段，南到戴云山和南岭。其间较大山地有幕阜山、九岭山、武功山、武夷山。沿长江流域及洞庭湖、鄱阳湖两大湖泊周围，散布着大面积湖滨台地和丘陵。由于地理位置及地形等的差异，形成了适合杉木生长的小气候环境，是我国高产杉木种源的集中分布区，包括福建的建瓯、南平，湖南会同，贵州锦屏，江西安福等。

在杉木中带东区和中区中划分了一个“中带东南区”，是历史上著名的杉木产区，包括武夷山以东的福建中北部、南岭山地、湘赣南部、黔东南及两广北部。

（6）杉木南带：本区是我国杉木分布南缘地带，北界即杉木中带南界；西边沿滇桂边界到广西百色地区的左江、红水河流域和南界沿中越边境线到广西南部北部湾，再经北海、茂名一线，沿广东省南海海岸线，经台湾海峡，到福建海岸，并包括台湾省玉山以北地区。

杉木分布区较广，各地区的杉木群体在长期的生长发育过程中对周围的环境产生了一定适应性和遗传特性，最终形成了不同的地理类型。由于不同的群体通常存在着遗传或生态隔离，形态、生理等特性具有较大差异，尤其是那些历经千年还能屹立不倒的“杉木王”，为杉木种源选择、良种选育、种源基因库建立提供了物质基础。

第 2 章

Chapter Two

Cultivation system and culture of Chinese fir

杉木的栽培制度与文化

一、杉木栽培制度的形成

杉木为杉科（Taxodiaceae）杉木属常绿乔木，是我国南方最重要的造林树种之一，栽培面积遍及南方 17 个省区，在我国南方林业生产中具有举足轻重的地位。其木材纹理通直，结构均匀，不翘不裂，耐腐性强，加工容易，具香味，能抗虫，广泛用于建筑、桥梁、造船、电杆、家具等方面。

我国栽培杉木的历史悠久，明朝末年已有较大规模的人工林，此后逐渐形成许多著名的杉木产区，我国南方林农在长期营林实践中积累了丰富的杉木造林经验。从文献记载来看，有关杉木的栽培历史要比一般观赏树木、经济林要晚，这可能与杉木产区偏僻、交通不便、不易引起人们重视有关。尽管如此，杉木造林至少有 1600 多年的历史，根据有关文献资料，杉木人工林经营历史可大致分为四个时期 [11]。

1. 杉木零星种植时期

这个时期从杉木人工造林利用开始到宋朝止。此时期文献主要是关于杉木生物学特性、木材利用及零星栽培的记载。公元前 2 世纪《尔雅 · 释木》中称杉为“煔”（音杉），东晋郭璞注：“煔似松，生江南，可以为船及棺材，作柱埋之不腐。”公元 329 年东晋陶侃任长沙太守时“种杉结庵”于岳麓山，人称“杉庵”。在唐、宋时，已用“杉”字。公元 815 年唐代诗人白居易任江洲（今江西九江）司马时，便写过《栽杉》诗，“劲叶森利剑，孤茎挺端标……”，至今庐山海拔 1000m 处仍有成片巨杉，这说明唐代赣北已有栽种杉木。到宋代，人工造杉已遍及广大山寺古庙，宋代朱熹（公元 1130~1220 年）在福建讲学时便有“绕径插杉”的记载，说明 800 多年前福建已有杉木插条造林的历史 [7]。

由于当时森林资源丰富，社会对木材需求量不大，此时期杉木种植多限于房前屋后零星栽植，类似现在的四旁绿化，而且由于当时对杉木生物学特性多限于表面浅显认识，尚未形成固定栽培模式。但此时期的零星栽植为杉木大规模造林经营积累了经验，为杉木栽培制度的形成奠定了一定基础。

2. 杉木人工林撩荒栽培制度形成期

此时期从南宋朝开始到新中国成立前为止。由于南宋异族金人侵入，中原人南迁，开始了我国历史上第三次人口大迁移，大量人流涌向南方。随着南方人口及木材需求的增加，杉木成片造林面积逐年增加。随着杉木人工林面积的不断扩大，为杉木人工林经营积累了较丰富的经验，记载栽杉的农书达几十种之多，逐渐形成了此时期固定的栽培模式。

有关杉木的培育技术在元代《五祯农书》中始有记述，《五祯农书》（1313 年）对杉木插条造林插穗的选取、扦插的时间及方法等便有详细的论述。《农桑辑要》（公元 1288 年）便有“种木无时，莫教树知，多留宿土，记取南枝”的记载。这说明当时对造林苗木根系宿土的保留、造林季节、苗木栽植方向等技术已有了解，其中“记取南枝”技术一直沿用至今。如南方杉木产区（福建、贵州）至今仍要求杉木“不反山”造林。《致富农书》还记载了杉木造林的林地清理方法：种植杉木林地，于杉木伐后火烧迹地，并用中犁耕，将草木灰翻土中使土渐肥，然后插杉。这说明炼山、垦山在当时已成为杉木造林技术的重要环节，同时产生了“火不上山，不能插杉”、“七刀八火”等有价值的农谚。明末徐光启的《农政全书》（1639 年）中有杉木林粮间作的记载，“如山可种，则夏种粟，冬种麦，以当耕锄”。此外，《齐民四术》、《物理小识》、《三农记》、《本草纲目》等书对杉木的经营均有较详细记载。中国古代的龙泉码价就是为杉木商品材的检尺和计价而创造的。

随杉木造林技术的不断总结，此时期杉木造林经营水平有了一定提高，但由于古代杉木产区林农是自给自足的小农经济，而林业周期长，一般林农无力投资，在长期的栽培实践中逐渐创造了一套独特的以短养长、长短结合的栽培模式，即在原始阔叶林采伐后，进行劈山、炼山、造林并间作，待杉木成林采伐后，林地又任其撩荒，让其自然恢复地力，又转移到其他阔叶林迹地造林。这便是杉木人工林经营历史上有一定代表性的包含劈山、炼山、垦山、间作环节在内的杉木撩荒栽培制度。由于过去原始阔叶林较多，杉木造林规模不大，多属小片分散经营，且造林地周围又保留有原始天然林，这种栽培制度对生态环境的影响，在当时并不显得突出，因而这种栽培制度一直到解放前仍为福建、湖南等杉木产区的林农广泛采用。

3. 杉木人工林连栽栽培制度形成期

此时期从新中国成立后开始到2000年为止。新中国成立以来，随着人口的迅速增长和国家建设对木材需求的增加，我国杉木造林面积发展很快，栽培地区从山区向低山丘陵、从中心产区向一般产区和边缘产区发展，原来传统的插条造林因插穗来源有限逐渐被实生苗造林所代替。撩荒栽培因适应不了人们对大规模杉木造林的要求，逐渐被人们弃用。50年代开始了较大面积集中连片的杉木造林，60年代各地进行了低山丘陵栽杉，扩大了杉木的栽培范围，同时提出了杉木生产的基地化，70年代开展了以南方为主的杉木商品材基地建设，建立了相当数量的杉木商品材基地，80年代又推广了杉木的工程造林，营造了大面积的杉木速生丰产林，杉木人工林的经营水平得到了很大提高；90年代又开始了由世界银行贷款来营造杉木丰产林。随着杉木林的迅猛发展，阔叶林面积锐减，适宜杉木造林的林地愈来愈少，这样杉木造林就越来越多地在杉木迹地上连续栽植，逐渐形成了在南方杉木产区较为流行的杉木连栽栽培制度，并成为当前杉木造林中的主要模式。

由于这种栽培制度采用较集约的纯林连栽经营，只考虑短期生产效果和经济效益，生态效益注意较少，造林密度大，对林地的干扰强度大，没有给林地以休养生息和缓冲轮栽的余地，造成林地水土流失加剧，林地肥力下降。一方面，杉木人工林生长快，轮伐期短，地力消耗大，林分养分归还量少，自肥能力差、多代连栽林地养分入不敷出；另一方面，杉木造林大面积炼山、整地及抚育造成的水土流失在这种栽培制度下日趋严重。杉木多代连栽不仅导致人工林生产力下降，而且还造成杉木造林成活率下降，幼林生长不良，使得历史上的杉木中心产区面积缩小，严重限制了杉木人工林的发展规模。

4. 杉木人工林轮栽栽培制度形成期

此时期从2000年开始到现在。由于杉木连栽导致林地生产力下降日趋严重，极大地影响了杉木人工林的可持续经营，在对杉木连栽生产力下降原因和防治技术大量研究基础上，众多学者和林业经营者开始反思传统的杉木连栽栽培制度，进行了变革传统杉木轮栽栽培制度的探讨。按照营林生态工程原理，根据连栽生产力下降原因，在杉木人工林经营过程中，特别是二代杉木林采伐后，及时更新造林树种，进行轮栽或尽可能营造杉木与阔叶树种混交林，充分利用人工林系统中的生态位，以保证杉木人工林生态系统内物种的多样性，提高系统的抗干扰能力，以恢复和改善地力，给林地以休养生息缓冲的余地，以解决杉木连栽地力衰退，保证杉木林的可持续经营。各地纷纷开展了在杉木连栽林地上营造阔叶树的对比试验，先后筛选出火力楠 *Michelia macclurei* Dandy、马褂木 *Liriodendron chinense* (Hemsl.) Sargent、光皮桦 *Betula luminifera* H. Winkl.、乳源木莲 *Manglietia yuyuanensis* Law、福建青冈 *Cyclobalanopsis chungii* (Metc.) Y. C. Hsu et H. W. Jen ex Q. F. Zheng、红锥 *Castanopsis hystrix* Miq.、枫香 *Liquidambar formosana* Hance、丝栗栲 *Castanopsis fargesii*、山杜英 *Elaeocarpus sylvestris* (Lour.) Poir.、乐昌含笑 *Michelia chapensis* Dandy 等杉木连栽林地的替代树种，逐步形成了杉木人工林轮栽栽培制度。

二、杉木文化的形成

我国素有“北松南杉”之说。“北松”是指国际市场上被誉为“木材的王座”的红松 *Pinus koraiensis* Sieb. et Zucc.；而“南杉”则是指深受人们喜爱的，堪称我国南方“木中之王”的杉木[12]。杉木并不像银杏 *Ginkgo biloba* Linn. 和银杉 *Cathaya argyrophylla* Chun et Kuang 一样享有“活化石”的美称，也不是树木中的贵族，却深受我国人民尤其是南方人民的喜爱。早在 8000 多年前的新石器时代，前古越人就已经使用杉木修建房屋。由于杉木内含“柏木脑”，抗蛀耐腐，现今的考古发现不少杉木悬棺（如江西贵溪仙岩商周时代杉木悬棺），广州秦代造船工场的杉木船材，长沙马王堆西汉墓的杉木内椁等众多杉木古物，说明商周到秦汉时期我国南方人民已经广泛地利用杉木[1]。

杉木人工栽培历史悠久，据李贻格、侯伯鑫考证，杉木人工栽培大约始于秦汉时代。人们在栽培和利用杉木过程中超越了杉木作为自然物的范畴，形成了一种与杉木相关的特殊现象——杉木文化。杉木文化的形成源于人类认识自然和改造自然过程中对杉木的认识和反映。古代的栽杉活动是一种文化行为，有的以文字形式传播，有的靠语言传播。我国杉木文化虽不像松、柏、竹、茶文化那么显赫，但它属于一种隐性文化[13]。根据杉木文化载体不同，可分为杉木物质文化和精神文化两个层面。杉木的物质文化表现在与日常生活息息相关的物质层面上；精神文化则蕴涵于文学、艺术、传说、寓言等诸多方面，它与宗教、法律、道德、民俗民风等各个领域相互联系、相互渗透，较深层次地承载着杉木特有文化。

1. 杉木的物质文化

物质文化是指因人类克服自然并借以获得生存而产生，是人与自然关系的反映。它包括人类在生产、生活以及精神活动中所采用的一切物质手段和全部物质成果，从衣食住行所需到现代科技均涵盖在内[14]。在杉木栽培与利用的漫长历史长河中，已积淀了丰富的物质文化财富，它使人们可以直接感受到杉木的魅力。杉木利用自身木材纹理通直，结构均匀，材质轻韧，强度适中，具香味，材中含有“柏木脑”，能抗蚊虫，耐腐

▽ 利用杉木制成的生活用具（木桶与水瓢） 王鸯妮 摄

性强等特点，在建筑、家具、乐器等多个方面巧妙地作为纽带把人与自然合谐地贯穿联系起来。特别是，杉木在建筑领域承载着历久弥新、丰富的文化财富，其中以贵州侗族鼓楼与福建土楼最为典型，它们是世界独一无二的大型民居形式，被誉为“世界建筑奇葩”、“世界上独一无二神话般的山区建筑模式”、“东方古城堡”等。此外，还有苗寨、恩施土家族吊脚楼[15]、蕉岭石寨土楼[16]等杉木材建筑而成的古建筑，吸引着众多海内外游客。

（1）侗族鼓楼

侗族鼓楼是侗族村寨的象征，是侗族整个族性的标志，是仿生学的结晶，更是“杉木文化”的标杆。有不少鼓楼是清乾隆、道光年间所建，在贵州凯里、贵阳及国内外的民族文化村均建有侗族特色的鼓楼。鼓楼是继承了传统木结构的建筑，全都是木质结构，不用金属钉子和水泥砖墙搭砌，突出榫卯技术。这种榫卯结构在浙江河姆渡出土的古文物中能看到，从河姆渡文化到现在已有六千多年。其特点是用榫卯将分散的、单一的木材联为一体使其发挥更大的效果。侗寨鼓楼沿袭了榫卯结构，形成了塔、楼、阁集为一体的奇特建筑艺术。侗族聚居的南部方言区绝大多数是属珠江水系的柳江流域，而这片地区是杉木的原生和垦植区，侗族成为垦植杉木的主体民族（间有苗、水、瑶和汉族）。侗族鼓楼造型活像一颗挺拔的大杉树，人们就把鼓楼叫做寨子的遮荫树。鼓楼用材都是上等的杉木木材，可以说鼓楼文化是杉文化的发展[17,18]。

◁ 侗族鼓楼　　王鸯妮　摄

▽ 侗族风雨桥　　王鸳妮　摄

（2）侗族风雨桥

侗族风雨桥是侗族建筑文化和侗族人民劳动智慧的结晶。风雨桥在建筑史上称为廊桥或楼桥，俗称花桥、福桥。1965 年郭沫若为广西三江侗族自治县的程阳桥题诗："艳说林溪风雨桥，桥长廿丈四寻高。"后才广为流传，因桥上建有长廊式、可遮蔽风雨的桥屋而得名。侗乡风雨桥风格迥异，种类繁多，其中最负盛名的当数广西三江县的程阳风雨桥，此桥于 1916 年民间集资用了 12 年时间才修建而成，全长 64m、宽 3m、高 10m 多，结构全用杉木凿榫衔接，纵横交错。桥座落在清澈的林溪江上，桥下层是连排大杉木[19,20]。

▽ 侗族风雨桥（局部）　　王鸳妮　摄

（3）福建土楼

福建土楼是世界独一无二的大型民居形式，已成为世界文化遗产。土楼主要的木结构多采用当地的杉木。杉木经过手工工具去皮，制成板方材后，通过烟熏法，把含水率干燥到当地平衡含水率后做成木结构用材。烟熏法不仅能够防止杉木的变形开裂，还能使杉木材表面碳化，形成保护层，增强杉木材的防腐和抗白蚁等作用；部分土楼人家为了保护土楼的木结构，使土楼更加美观，在局部采用了涂饰工艺，经过一系列的保护处理来延长杉木的使用寿命[21]。

南靖土楼　　吴鹏飞　摄 ▷

▽"裕昌楼"内景　吴鹏飞　摄

（4）雕房和雕床

雕刻犹如一颗璀璨的明珠，在杉木文化中占有不可替代的地位，与华夏儿女的生活紧密相连。雕房是雕刻着各种图案的房子，是劳动人民智慧的结晶，不但具有较高的观赏价值，还具一定的研究价值，彰显着木结构古建筑的伟大成就。雕房瓦檐、房屋四角均有精湛雕艺，以物表意，精雕细镂，异彩纷呈[22]。

雕床有着鲜明的独特风格，是一件珍贵的工艺品，其用料十分讲究，床架选用老杉木，花板则以香樟木、楠木、龙眼木、白杨木等树质坚硬的杂木为料，其工艺浩繁，技法高超者都需数月才可完工[22]。

△ 雕床（左）、衣橱与梳妆台（右） 黄玉云 曾碧琴 摄

注：雕床长 193cm、宽 134cm、高 223cm，制作于 1979 年，正值改革开放之初，万象更新，但其制作工艺风格依旧继承了福建地方传统文化。此床以老杉木为床架，配以香樟木的浮雕、镂雕为围子，内容丰富，人物、花草、鸟兽等栩栩如生，且寓意深厚。如左边的门围子雕刻着杨家将挥旌勇往直前的场景，右边的门围子则是穆桂英挂帅的精彩故事，意在激励着该床男女主人携手共进；同时这也恰恰传承着男左女右的中华文化，预示着阴阳协调、家庭和睦的美好未来。除此之外，内外门围上还雕刻有喜上梅（眉）梢、鸳鸯戏水、麒麟送子、狮子滚绣球等吉祥图案，并加以涂色施彩保护木质，且极富美化装饰，又不乏庄重得体。内床沿上方两端各有小柜，中间部分为小抽屉，方便保存珍贵物件，亦可随时拆卸不用。整个床体构造层次感强、虚实有机结合，床面透光明亮又富私密性，可给主人带来舒适和安全感。床前配有榻板，亦为杉木材质所制，防湿耐潮，可供主人临时休憩或搁放衣物。

衣橱的规格为：长 138cm、宽 50cm、高 205cm。通体为杉木制，柜顶浮雕鲜亮夺目，柜体由大小不一的厨门、抽屉组成，整体构造富有变化，功能又强。

（5）联与匾

旧时的深院豪宅，历经沧桑，为后人留下了文化之美。联、匾、屏风也是其中之一，精美的雕刻工艺加之名人题字赠词，成为当今社会众多收藏者寻觅的宠儿。杉木阴刻髹金厅联是其中的佼佼者。如今木结构的豪宅差不多已被拆光，这些文物弥足珍贵。古人的墨宝已经同古人一样，成为过往云烟，而这些木雕的联与匾较好地保留了文人的墨迹书法，能再现旧时文人墨客的书法艺术和文化内涵，希望能够继承弘扬古人的精神[23]。

▽ 落没的深院豪宅　　吴鹏飞　摄

△"鉴观不爽"　　吴鹏飞　摄

（6）其他物质文化

湘西王村留存下来的大部分家具都为晚清时期的作品，用材都选用当地的常用树种杉木[24]；温州老窗花也极具收藏价值，大多拆自清代建筑，用料大多也是杉木[25]；古琴作为中国最古老的民族乐器，历史悠久，是中国文化和理想人格的象征，在板材的选用中，以上好的杉木为面的古琴比较常见，如唐代雷琴就选用杉木为板材[26]。

2. 杉木的精神文化

在杉木长期栽培和利用的过程中，人们与杉木之间通过物质和精神双重互动形成了相互依存的关系。杉木已经超载了纯自然属性，成为显示人类思维的审美对象，人们对杉木的欣赏也从感官接物推向心灵接物，从而激发了理性思考向感性情怀的升华，获得了精神上的自我审视与心灵净化。杉木精神文化内容丰富、底蕴深厚，已广泛融于语言、文学作品、民风民俗等精神层面，其内涵彰显了杉木文化的深度意义。

（1）杉木与语言演变

由于地域差异加之杉木的自然变异类型丰富（主要有黄杉、灰杉、峦大杉、软叶杉和德昌杉五种类型），杉木名称随着历史、音韵、文字不断演变。主要经历了柀 (pi、bǐ、pēi) – 煔 (zhàn、qiān、shān) – 杉 (shān、shā) 等主流文字及音韵的演变。公元前 2 世纪《尔雅 · 释木》中称杉为“煔”，东晋郭璞注释《尔雅》曰：“煔（音 shan）似松，生江南，可以为船及棺材，作柱埋之不腐；又人家常用作桶饭，甚耐水湿[27]。唐、宋年用衣字旁“衫”，直至明、清时期“杉”才被通用。李时珍在《本草纲目》中指出：“杉又名煔。沙木及檄木”“有赤、白二种，赤杉实而多油，白杉虚而干燥”。明代王象晋所著《群芳谱》、徐光启撰写《农政全书》也有类似记载[2,4]。清代汇编《桐城县志》在“物产”杉下注有“一品名杉，一名檄”；四川《新繁县志》记载“通、雅江北呼杉为沙或檄木”；清代吴其浚在《植物名实图考》中认为将杉木呼为“沙木”，与地方发音有关。

（2）杉木与文学作品

从古至今，以杉木为题材的文学艺术作品不胜枚举，既展示了中国文学的风采魅力，也弘扬了杉木精神文化的艺术境界。唐代大文学家韩愈 (768~824 年) 留有名句：“杉桧屡磨”；北宋大文豪苏轼 (1036~1101 年) 著有诗句：“山上仙风舞桧杉”；而宋代大儒朱熹 (1130~1200 年) 在《尤溪县志》中写到：“好把稚杉缘径插，待迎凉月看清华。”唐代诗人白居易在江西九江任司马（815~818 年）时，曾写过《栽杉》诗：“劲叶森利剑，孤茎挺端标；才高四五尺，势若干青霄……”生动地描述出杉木叶茎干和生长情况。一句“才高四五尺，势若干青霄”，通过拟人的手法把杉木风骨清峻、气格高逸的品格提炼出来。唐朝诗人杜牧在他的《题池州弄水亭》中写道“杉树碧为幢，花骈红作堵”；杉木文学在唐宋时期得到了长足的发展，并走向了一个全面繁荣的巅峰。南国的土地上，“杉”的身影随处可见，呈现出一幅幅郁郁葱葱，绿意盎然的图画。诗人两眼所视，满目青杉，尽在有意无意之中。

（3）杉木与民风民俗

在传统民俗文化中，人们将杉木的美德与实际效用通过意念化推广至日常生活之中，形成了一种当地特有的共同的心理认知，反映了一个民族或社会对某种价值观的认同。在广大杉木产区分布着汉、苗、侗、瑶、壮、彝、畲、布依、土家等近20个民族，大家共同创造了我国南方富含杉木文化特征的灿烂生态文化，铸就了一条既被国际林学界同行称道，同时也受国内文化地理学者美誉的我国南方“杉木文化带”[28]。

据《中国民俗辞典》记载：“十八杉”为苗、侗等族生育风俗，指婴儿出生后栽植培育的杉树林。各地方种植的形式、数量不尽相同，一般由家人为孩子栽植一批杉树，有的地方种100株，有的地方全寨每人为孩子种1株。等到18年后，孩子长大成人，杉树成材，便可伐杉为儿子建新房，或将杉木出售后为女儿置办嫁妆。黔东南苗、侗民族等创造并传承的“十八杉”民俗。

民间还流传着这样一个美丽的传说：古时候，黔东南清水江上游的山岭都是光头山，住在这里的苗、侗民族家家穷得连孩子都养不活，尤其是女孩，不是出世时被溺死埋葬在龙凤山，就是长大后被卖到山外去。最后，整个龙凤山一带只剩下一个侗族小伙子和一个苗族小伙子。一天晚上刚煮好饭，一个白胡子老头来讨饭吃，把一锅饭全吃光了，然后笑着说：“明早你们朝龙凤山顶上看一看吧，会有好处的。”第二天早上，他俩朝山顶望去，只见霞光里出现了一位美丽的姑娘，姑娘与小伙子对起歌来。后来，这个姑娘变成一棵大杉树，并唱道：“苗家侗家好后生，莫发愁来莫伤心，只要保好大杉树，不愁姑娘不上门。”半夜里，他俩被姑娘的呼救声惊醒，与欲举斧砍树的家伙展开了搏斗。坏家伙被打死后，杉树忽然开声说：“明天你们把我砍了，运到外面去卖，你们就有钱娶姑娘了。”两个后生发誓不砍杉树，表示要保护好杉树。杉树深受感动，化作杉苗，纷纷扬扬随风飘到大小山岭，顿时满山满坡变成了郁郁葱葱的杉树林。就这样，两个后生砍了树，卖了钱，娶了媳妇，成了家，生了孩子。当他们的妻子生小孩时，又梦见老头交待他们生下孩子要种100棵杉树。第二天他们就上山种树，这样一代一代传下来，种植“十八杉”就这样成了接续不断的风俗[29]。因此在黔东南都柳江畔一带侗族聚居地，满山遍野，竹木葱茏，而最常见的树是杉木，这一自然现象，象征生生不息，很符合民俗文化的需要。侗民视杉木为吉祥树，把某些古杉称之为“杉仙”[13]。

在营林育杉的生产过程中，留下了许多其它美丽动人的民间故事和神话传说，也创造了许多脍炙人口的育林护林佳话[28]。如黔西南布依族的“杉郎与树妹”；黔东南苗族的“仙女杉”；黔东瓮安仡佬族的“相思杉”；黔南三都壮族的“倒栽杉”[29]；还有浙南、闽北畲、汉群众的“儿女杉”；遍及浙江丽水、龙泉等地及闽北、闽西、皖南、皖西等地广大汉族群众中盛行的为新生儿女插杉营造的“落地林”、“三日林”、“贺生林”、“同龄林”等；还有上述各地为解决幼童上学费用而相邀换工互助，为学前儿童插杉营造“读书林”，为生男孩人家营造“新郎林”、“子孙林”、“添丁杉”、“添丁林”，养老要育“养老杉”、“养老林”等[30]。据载，生活于清代康、雍、乾三朝，四川都江堰的自明道士王来通，历时26年，种下了以杉树为主的多达16万株的“万代长青林”，并以此筹资修缮了著名的川中名胜“二王庙”，成为我国林业史上一位植杉育林的楷模，在育杉造林史上写下了浓墨重彩的一笔。这样的育林佳话更是青史流芳，历代传诵[31]。

在远古苗寨——岜沙，每当一个孩子出生，家人就为他栽上一棵生命树，伴随孩子长大成人。到他逝去时，便用这棵生命树做成简单棺材，给死者做简单的超度仪式后，再把死者放入棺材安葬[32]。值得注意的是，古代作棺具的首选木材是杉木，陈翥《桐谱》载："世之棺椁，其最上者，则以紫杉、檫为贵，以坚而难朽，不为干湿所坏。"张宗法《三农纪》引方治《说文》："棺者……自黄帝始造，虞以掀，殷周以木性杉为上，柏次之"[33]。江西贵溪仙岩发现了距今 5000 年前的杉木悬棺[34]，长沙马王堆一号汉墓巨型外椁[35]、长沙象鼻嘴一号汉墓椁板[36]、长沙砂子塘汉墓棺椁[37]、安徽天长安乐七号汉墓椁底板[38]、广西贵县罗泊湾一、二号汉墓外椁[39,40]，均用较大径级杉木剖制。值得一提的是：马王堆一号汉墓外椁选用的是耐腐性极强的紫油型杉木阴沉木。阴沉木是因为历史上较强地震引起山体滑坡突然倒埋地下的活杉木形成。清道光《黎平府志 · 物产》载："杉……其木因山崩陷或淹于土中，或藏之水底，经千百年之久色变为黑，通体皆油……作棺入土不腐"；民国《西昌县志 · 物产》载："阴沉木……由数千年前之杉林，因地壳变动埋没土中……其芳香致密，经久无与伦比……且甚耐久故也。此种杉板可耐七八百年"[41,42]。

第3章

杉木王的内涵与价值

Chapter Three

Connotation and value of the kings of Chinese fir

一、杉木王的由来

由于杉木的寿命很长，有的可以活上千年，这些杉木之中的“王者”被许多当地村民奉之为“神树”“圣树”“风水树”……人们纷纷对它们顶礼膜拜。随着社会历史不断变迁，至今仍伫立着的千年杉木，宛如哨兵坚守着这片神圣不可侵犯的土地。它们是一个地域的“活史料”，记载着这个地域的历史变革，往往与一座城市、一个村镇、庙观的历史息息相关，祖辈流传下来的民间故事，涉及朝代和历史名人，生动具体，活灵活现[43]。古树的存在是一座城市文化品位和精神素养的象征，深刻反映中国树木文化的特色和中华民族悠久的历史传统。因此目前能在华夏大地上尚存的古杉木人工群落和为数不多的杉木王，是一份不可多得的林业遗产。

江西省信丰县何连山林场自然保护区内就有中国最早的人工杉木群落，乃东晋时期人工营造的，至今已有1600多年的历史。据考证，此杉木群落有54株古杉。江西省婺源县仍保有朱熹亲自栽种的16株古杉。全国单株杉木树龄逾千年的古杉为数众多，如湖南省城步苗族自治县岩寨乡金南村，发现树龄已达1670多年的杉木群，据传该杉木群乃侗族的祖先插条栽种的建材“神树”；四川甘孜藏族自治州泸定县磨西乡有株树龄1500多年的“香杉”神木；福建省宁德市虎贝乡彭家村也长着一株1100多年的唐僖宗光启年彭氏祖先迁居于此所植的大杉木，也是福建省最大的“杉木王”，村民都将其称为“神树”。这些活着的古文物就是历史的见证者，具有极高的科研和历史价值。

对于“杉木王”的定义，享有中国“杉木之父”之称的俞新妥教授认为胸径、树高和单株材积分别在1m、30m、10m^3以上，或是3个指标中至少2个满足的杉木可称为“杉木王”。本书中还将树龄大于100年以上的杉木列为“杉木王”。1979年俞新妥等对福建省的20株“杉木王”进行生长情况调查，但30年后这些“杉木王”资源的分布情况如何没有相关的报道；1990年前后，南方各省的“森林志”相继出版，对本省（区）的古杉木曾有所报导，但内容比较简略；2009年福建杉木研究中心对福建省的44株“杉木王”资源进行全面调查；2010年福建杉木研究中心对全国各省的“杉木王”种质资源数量、生长和分布情况，特别是福建、贵州、广东、广西、云南等杉木自然生长区进行全面调查，调查结果对于揭示杉木产区的范围和种群分布格局以及建立杉木优良种源基因库具有重要意义。

二、杉木王的价值

“杉木王”是祖先留给我们的珍贵绿色遗产，具有极高的历史、经济、旅游、生态、科研及文化价值，特别为研究杉木生物学、生态学、良种选育及栽培史等提供了十分宝贵的材料[44]。它代表着一个不同地域的形象，记载见证了不同地域的自然、历史和文化的发展。

1. 经济价值

杉木是集经济、生态、社会效益于一体的优良树种，是杉木产区林农收入的重要来源。“杉木王”材积生长量大，均为大径材，潜在经济价值高。早在明清时期，由于人口增长和经济发展，社会对木材的需求量增大，杉木被广泛用作生产、建材、家具、葬具、生活烧柴等，促进了杉木商业的兴盛。据计六奇《明季北略》记载，明朝末年浙江巡抚张延登在上奏朝廷请求海禁时说：“福建延、汀、邵、建四府出产杉木，其地木商将木沿溪放至洪塘、南台、宁波等处发卖，外载杉木，内装丝绵，驾海出洋”，“取其利不赀”，于是商人们乐此不疲的往返于福建林区，将大批的杉木贩运到海外、潮汕、江浙等地[45]。

杉木提炼的精油具有医疗价值，所含的化学成分也具有药理作用。在《名医别录》、《日华子本草》、《本草纲目》多有详细记载，谓“辛、(微)温，无毒”，功用避秽、止痛、散湿毒、下逆气，治疗心腹痛胀、霍乱上气。民间主要用于治疗慢性气管炎、胃痛、风湿关节痛，外用跌打损伤、烧烫伤、外伤出血、过敏性皮炎等[46]。

2. 观赏价值

杉木是常绿针叶树，树干通直圆满，幼时树冠呈尖塔形，大树树冠呈圆锥形，作为阳生喜光树种，浅根型，侧根与须根发达，易生长不定根，萌芽更新较好，再生能力较强，生长迅速，加之其对有害气体具有一定的抗性，可在山区及矿厂附近种植，绿化环境。是园林部门推广应用的优良树种，具有良好的园林景观和园林欣赏价值。

杉木古树是镶嵌在华夏广袤大地上的耀眼明珠，为山水园林荣添异彩，为旅游景区增加亮点，为历史悠久的古堡村镇增添绿彩，给人带来绿和美的享受。木中之王——杉木成了各地“木商文化”的品牌代言人，成为风景名胜区里一道靓丽的风景线，是非常难得的旅游资源。有着“杉木之乡”、“杉木王国”等美誉的贵州黎平、锦屏、广西融水等地，重磅打造“绿色文化”、“本色文化”等品牌，并取得了令人瞩目的成绩[47]。原古苗寨、侗寨鼓楼，这些由上等杉木材建筑而成的中华建筑艺术的瑰宝，是中华民族建筑艺术中的珍品。成千上万的游客，慕名而至，参观具有民族特色的建筑，了解地方特色的民族风俗，带动了地方经济的发展。

安徽省黄山区新丰乡安居村有棵著名的“五子登科”“杉木王”，五株巨枝相拥而立，齐头并进。在竹海林涛深处，与山光云影共舞；在村野幽谷间，同春花秋实相伴。它们成为这山谷中最美丽动人的风景，是佑护一方的风水树，更是生长在村民心中鲜活的图腾。福建省宁德市蕉城区虎贝乡彭家自然村内也生长着一株闻名遐迩的“杉木王”，一年四季不断的展示其婆娑之态、苍劲之美、传神之韵，古朴庄重，使人赞叹不已。“杉木王”所展现的自然之美，使游览者情不自禁的驻足观赏。

3. 生态科研价值

“杉木王”不仅为人类提供森林休闲、游憩等无形的精神文化产品，还提供着水源涵养、土壤保育、固碳释氧、净化环境、保护和维持生物多样性等多项生态服务功能[48]。它们还蕴含着大自然的无限奥秘，亦是我们探索自然的关键钥匙。这些古老孑遗古树，记录山川、气候等环境变化及生物演替的信息，在其复杂的年轮结构中，记录着当地的丰年、灾年[49]。

杉木历经沧桑，目前杉木种子园材料主要来源于全国杉木种源筛选而成，杉木材料来源混乱，不同产区之间杉木种源互相调换，致使不同杉木人工林来源不清。各地遗存的“杉木王”是一座值得研究的种源基因库，蕴含着我们尚未发掘的信息和基因，是历史留给我们的“天然课题”，有助于我们研究该植物区系的发生、发展以及演变，资料十分难得，意义重大。

4. 历史文化价值

“杉木王”常与宗教、民俗文化融为一体，受到人们的崇敬和爱护。在我国常见速生用材树种中，杉木的栽培历史最悠久，栽培规模大，其分布区广，生态适应性强，木材质量精美。由于杉木具有诸多的用途，加之杉木的优良特性，杉木在我国深受人们的喜爱。自古中国就将杉木树干用做宫殿寺庙等的栋梁。贵州黎平县就发现了百年杉木房，至今保存完好，已住过七代人。著名的大理点苍山无为寺前的“宋杉”：原有古杉三株，品字形排列，目前只幸存这一株了。关于它的历史，众说纷云，有的称之为“元杉”，有的称之为“唐杉”，而从古杉洞壁各部取了多处年轮样品推算，树龄在 960 年左右，因而其历史年代可断定为北宋时代所植，故称“宋杉”[50]。

在清水江畔“杉木之乡”锦屏县沉睡了数百年的近 10 万份清代林契，让人惊叹不已。日本唐立博士在《贵州苗族林业契约文书汇编》一书序言中有这样一段话：“本书所收集的契约具体地显现了自 18 世纪前期以来，苗族在贵州东南部清水江流域栽培杉营林，通过贩卖木材积极参与货币经济的历史资料……从研究林业史的角度来看其亦极富史料价值。贵州锦屏县山林契约即为探讨解读人工营林的具体情况提供了重要依据。”不可否认，锦屏清代林契是在汉文化影响锦屏后，与本地少数民族文化融合后的产物[51]。

第4章

杉木王的分布

Chapter Four

Distribution of the kings of Chinese fir

从已知的史料记载和民族文化分析，历史上的杉木分布比现代杉木分布更为广泛。近年来随着杉木人工造林面积的不断扩大，大量天然杉木林被采伐，使大量野生杉木种质资源受到破坏；目前，杉木人工造林的种子大多来源于杉木种子园，这些杉木种子园材料主要是通过全国杉木种源试验等途径筛选出来的，有的材料来源比较混乱，造成各地区杉木人工造林的种子来源不清；同时，由于杉木栽培历史悠久，不同杉木产区之间开展科研合作，对不同杉木种源区种子相互调拨和交流，引入其他杉木种源区大量优良杉木，进一步加剧了各地杉木种源和造林材料管理的混乱。随着杉木研究的逐渐深入，对杉木优良品种的选育与改良越来越受到关注。由于目前野生杉木种质资源锐减和杉木种质资源管理局面混乱，对野生珍贵的杉木种质资源进行调查和收集，并分析不同杉木种质资源的遗传多样性，探讨杉木的起源，不仅可为杉木优良品种的选育拓宽研究材料，而且对揭示杉木遗传变异规律和阐明杉木种群分布格局具有重要指导意义。

杉木的自然分布区广，分布在我国南方17个省区，在我国南方各省分布有不少“杉木王”资源，但有关全国“杉木王”分布的专题文献尚未见报导。20世纪70年代，福建莱舟林业试验场曾记述福建省内10株“杉木王”的生长情况。1980年前后，福建林学院杉木研究所在闽西调查发现了11株“杉木王”，同时发表了《福建杉木王记述》一文。80年代起，林业部组织全国林业科技人员编写《中国森林》和各省的森林志。1990年前后，各省编纂的森林志先后出版，其中南方各省多有报道本省内的“杉木王”情况，如《贵州森林》在“古杉木”中说：全省保存古杉木胸径在1m以上的有19株，最著名的为“习水杉木王”，高44.81m、胸径2.33m、材积84m^3。《四川森林》在“古木大树”中说全省有300年以上的古杉木4株。《福建森林》记述省内有“杉木王”20株。《湖南森林》记述城步县有晋代插条造林的古杉群落，最大的一株胸径2.25m，单株材积48m^3。《江西森林》记述婺源县有宋朱熹手植杉16株，最大的高达34m，材积12m^3。《安徽森林》记述大别山岳西有2株“杉木王”，树龄300年以上。《浙江森林》记述该省有杉木古树2株。彭镇华在《中国杉木》中记述插条起源的“杉木王”8株。从上述内容可以看出，我国“杉木王”资源相当丰富，但记述的内容详略不一，缺乏系统综合研究，尽管如此，它还是为我们深入调查研究提供了可贵的线索。

为了比较系统地调查研究全国“杉木王”的种质资源，福建“杉木王”研究课题组在已有资料的基础上，选择若干有代表性的省区进行“杉木王”状况的调查观测，包括地理位置、气候条件、生境、生长指标、树龄及民俗传说等，并选部分样株取了繁殖材料。此次调查共计有四川雅安雨城及甘孜泸定“杉木王”110株；江西赣州崇义、上饶婺源及永修县58株；安徽省黄山休宁及合肥茅山林场47株；广东清远阳山、韶关始兴、肇庆怀集和梅州平远69株；贵州凯里剑河毕下村、黔南龙里和惠水、遵义习水太平村111株；湖南长沙、城步及常德197株；云南马关1株；广西来宾金秀县门头村和柳州融水尧告村41株；湖北恩施建始县白沙村5株，以上合计683株。

目前，福建的“杉木王”资源有 44 株，主要分布在闽西北和闽南地区，闽东较少。其中以闽西最多，有 17 株，闽南 11 株、闽北 8 株、闽中 6 株、闽东 2 株。它们均属于国家一、二、三级杉木古树保护范围。

“杉木王”分布地区经纬度跨度大，从下表列出的 95 株中国主要杉木王分布情况来看，最东是 119°12′32″E，最西 100°08′36″E，东西跨度 15° 左右；最南是 23°01′32″N，最北 31°20′52″N，南北跨度约 8°。可见“杉木王”分布在经度上和自然分布区是一致的，在纬度上比较窄，大部分集中在中带地区的生态适宜区。在垂直分布上，最高海拔是云南大理无为寺，海拔为 2200m。最低海拔是江西奉新县赤岸镇 72m。大部分集中在中海拔地区，在 500~1000m 的约占半数。

中国主要杉木王的分布

序号	名称	地点	经纬度	海拔（m）	分布产区
1	广西金秀六巷杉木王	广西来宾市金秀瑶族自治县六巷乡	23°52′25″N，110°10′12″E	658	南带
2	云南大理银桥杉木王	云南省大理白族自治州大理市银桥乡阳乡村	25°41′43″N，100°08′36″E	2200	中带西区
3	云南马关八寨杉木王	云南省文山壮族苗族自治州马关县八寨镇六差塘村上岩脚组	23°01′32″N，104°06′13″E	1836	中带西区
4	四川雅安雨城杉木王	四川省雅安市雨城区	29°56′37″N，103°04′58″E	771	中带中区
5	四川泸定磨西杉木王（枯死）	四川省甘孜藏族自治州泸定县磨西镇杉树村	29°36′24″N，102°05′29″E	1866	中带中区
6	四川泸定磨西杉木王	四川省甘孜藏族自治州泸定县磨西镇杉树村	29°36′24″N，102°05′25″E	1866	中带中区
7	贵州剑河毕下杉木王	贵州省凯里市剑河县久仰乡毕下村	26°35′36″N，108°30′07″E	815	中带中区
8	贵州剑河久仰杉木王	贵州省凯里市剑河县久仰乡久仰村	26°35′34″N，108°30′10″E	808	中带中区
9	贵州惠水斗底杉木王	贵州省黔南地区惠水县斗底乡党古村下院组	26°01′27″N，106°49′53″E	1087	中带中区
10	贵州龙里摆省杉木王	贵州省黔南地区龙里县摆省乡果里村	26°13′11″N，106°53′21″E	1310	中带中区
11	贵州长顺白云山杉木王	贵州省黔南地区长顺县白云山镇凉水村巴茅哨组	26°11′35″N，106°27′49″E	1287	中带中区
12	贵州石阡甘溪杉木王	贵州省铜仁地区石阡县甘溪乡泥山村河坝坪组	27°20′24″N，107°59′40″E	824	中带中区
13	贵州习水东皇杉木王	贵州省遵义市习水县东皇镇太平村	28°23′06″N，106°12′54″E	1096	中带中区
14	贵州锦屏河口杉木王	贵州省黔东南苗族侗族自治州锦屏县河口乡裕河小学旁	26°33′02″N，108°56′03″E	900	中带中区
15	湖南常德鼎城杉木王	湖南省常德市鼎城区	28°39′25″N，111°29′57″E	286	中带中区

编号	名称	地点	经纬度	海拔（m）	分布产区
16	湖南城步长安营杉木王群	湖南省城步苗族自治县长安营乡大寨村	26°26′25″N，110°07′73″E	834	中带中区
17	湖南新宁白沙杉木王	湖南邵阳市新宁县白沙乡	26°23′60″N，110°54′00″E	1077	中带中区
18	湖北建始官店杉木王	湖北省恩施市建始县官店镇白沙村	30°10′49″N，110°07′04″E	1143	中带中区
19	湖北建始白沙杉木王	湖北省恩施市建始县官店镇白沙村	30°10′48″N，110°07′03″E	1207	中带中区
20	云南镇雄木卓杉木王	云南省昭通市镇雄县木卓乡茶卓村	27°42′08″N，104°48′38″E	1335	中带中区
21	湖南炎陵瓜寮杉木王	湖南省株洲市炎陵县十都镇瓜寮村	26°32′50″N，113°56′27″E	294	中带东区
22	湖南炎陵深垅杉木王	湖南省株洲市炎陵县十都镇深垅村树山口	26°32′54″N，113°55′45″E	419	中带东区
23	浙江庆元举水杉木王	浙江省丽水市庆元县举水乡绿岭村莲花山	27°37′13″N，119°03′25″E	272	中带东区
24	江西婺源中云杉木王群	江西省上饶市婺源县中云镇晓林村文公山保护区	29°18′00″N，117°47′60″E	168	中带东区
25	江西广昌尖峰杉木王	江西抚州市广昌县尖峰乡沙背村胡家郭下排	26°46′42″N，116°27′54″E	274	中带东区
26	江西奉新赤岸杉木王	江西省宜春市奉新县赤岸镇万年宫牌坊华林书院门前	28°42′13″N，115°22′23″E	72	中带东区
27	江西万安涧田杉木王	江西省吉安市万安县涧田乡小溪村	26°15′39″N，114°59′27″E	117	中带东区
28	江西永丰上溪杉木王	江西省吉安市永丰县上溪乡双岭村	26°54′13″N，115°46′06″E	800	中带东区
29	江西遂川五斗江杉木王	江西省吉安市遂川县五斗江乡五斗江村的木洞自然村	26°31′41″N，114°20′25″E	300	中带东区
30	江西永丰中村杉木王	江西省吉安市永丰县中村乡梨树村	26°57′53″N，115°50′02″E	520	中带东区
31	江西崇义乐洞杉木王	江西省赣州市崇义县乐洞乡	25°24′23″N，113°57′00″E	940	中带东区
32	江西会昌永隆杉木王	江西省赣州市会昌县永隆乡	25°25′00″N，115°53′10″E	850	中带东区
33	江西安福山庄杉木王	江西省吉安市安福县山庄乡	27°30′48″N，114°30′56″E	564	中带东区
34	广西融水洞乡杉木王	广西柳州市融水县洞乡杆洞屯	25°31′19″N，108°45′48″E	820	中带东区
35	广东平远河头杉木王	广东省梅州市平远县河头镇黄田村	24°42′08″N，115°52′03″E	278	中带东区
36	广东始兴罗坝杉木王	广东省韶关市始兴县罗坝镇都亭乡黄竹坑	24°44′52″N，111°29′57″E	663	中带东区
37	广东怀集下帅杉木王	广东肇庆市怀集县下帅壮族瑶族自治乡山奢村	24°10′41″N，112°03′46″E	740	中带东区
38	广东阳山江英杉木王	广东省清远市阳山县江英镇	24°30′25″N，112°50′33″E	458	中带东区
39	福建闽侯鸿尾杉木王	福建省福州市闽侯县鸿尾大罕村	26°05′46″N，118°56′22″E	625	中带东区
40	福建闽清后佳杉木王	福建省福州市闽清县后佳乡街中村新厝垅	26°02′15″N，118°32′55″E	920	中带东区
41	福建永泰大洋杉木王	福建省福州市永泰县大洋镇荣兴村	25°53′35″N，118°45′25″E	685	中带东区
42	福建永泰同安杉木王	福建省福州市永泰县同安镇丹洋村	25°52′30″N，118°45′20″E	668	中带东区
43	福建永泰霞拔杉木王	福建省福州市永泰县霞拔乡上和村	25°56′36″N，118°40′39″E	610	中带东区
44	福建蕉城虎坝杉木王	福建省宁德市蕉城区虎坝乡彭家村	26°44′52″N，119°12′32″E	887	中带东区
45	福建屏南屏城杉木王	福建省宁德市屏南县屏城乡南峭村	26°56′07″N，118°58′14″E	1014	中带东区

编号	名称	地点	经纬度	海拔（m）	分布产区
46	福建屏南双溪杉木王	福建省宁德市屏南县双溪镇后峭村水尾岗	27°02′37″N，119°04′23″E	1035	中带东区
47	福建连城林坊杉木王	福建省龙岩市连城县林坊乡有福村	25°43′19″N，116°41′21″E	607	中带东区
48	福建连城文亨杉木王	福建省龙岩市连城县文亨乡福地村	25°40′27″N，116°47′08″E	378	中带东区
49	福建连城水口杉木王	福建省龙岩市连城县曲溪乡罗胜村水口	25°35′58″N，116°56′24″E	1251	中带东区
50	福建连城大树兜杉木王	福建省龙岩市连城县曲溪乡罗胜村大树兜	25°36′08″N，116°56′33″E	1228	中带东区
51	福建连城曲溪杉木王群	福建省龙岩市连城县曲溪乡茨胜村	25°21′00″N，116°33′36″E	1260	中带东区
52	福建连城赖源杉木王	福建省龙岩市连城县赖源乡黄地村	25°35′58″N，117°00′23″E	765	中带东区
53	福建连城莒溪杉木王	福建省龙岩市连城县莒溪镇乐地村	25°31′49″N，116°47′53″E	727	中带东区
54	福建连城姑田杉木王	福建省龙岩市连城县姑田镇郭坑村	25°43′24″N，116°57′49″E	486	中带东区
55	福建上杭步云杉木王	福建省龙岩市上杭县步云乡马坊村	25°16′27″N，116°52′55″E	912	中带东区
56	福建上杭蛟洋杉木王	福建省龙岩市上杭县蛟洋乡塘下村	25°13′10″N，116°42′01″E	658	中带东区
57	福建上杭蓝溪杉木王	福建省龙岩市上杭县蓝溪镇兰溪村	24°54′53″N，116°37′38″E	199	中带东区
58	福建上杭通贤杉木王	福建省龙岩市上杭县通贤乡障云村乌石坑自然村	25°18′08″N，116°27′37″E	334	中带东区
59	福建长汀红山杉木王	福建省龙岩市长汀县红山乡山车村	25°29′30″N，116°06′29″E	545	中带东区
60	福建新罗曹溪杉木王	福建省龙岩市新罗区曹溪镇黄洋村	25°02′00″N，117°07′56″E	578	中带东区
61	福建新罗小池杉木王	福建省龙岩市新罗区小池镇仟儒村	25°10′20″N，116°50′22″E	711	中带东区
62	福建漳平福里杉木王	福建省漳平市永福镇福里村	25°03′50″N，117°18′11″E	744	中带东区
63	福建漳平龙车杉木王	福建省漳平市永福镇龙车村	25°02′40″N，117°12′09″E	962	中带东区
64	福建德化上涌杉木王	福建省泉州市德化县戴云山保护区内的上涌乡后宅村	25°41′40″N，118°13′02″E	780	中带东区
65	福建德化赤水杉木王	福建省泉州市德化县赤水镇苏岭村	25°38′24″N，118°06′23″E	855	中带东区
66	福建德化春美杉木王	福建省泉州市德化县春美乡双汉村	25°40′50″N，118°01′35″E	894	中带东区
67	福建德化大铭杉木王	福建省泉州市德化县大铭乡联春村	25°41′40″N，118°13′09″E	933	中带东区
68	福建德化葛坑杉木王	福建省泉州市德化县葛坑镇大正村	25°50′43″N，118°09′48″E	753	中带东区
69	福建德化雷峰杉木王	福建省泉州市德化县雷峰镇荐解村	25°39′30″N，118°16′19″E	820	中带东区
70	福建德化龙门滩杉木王群	福建省泉州市德化县龙门滩镇朱地村	25°33′36″N，118°27′46″E	658	中带东区
71	福建永春苏坑杉木王	福建省泉州市永春县苏坑乡东坑村	25°24′43″N，118°11′10″E	706	中带东区
72	福建建瓯东际杉木王	福建省建瓯市东游镇东际村	26°59′32″N，118°48′45″E	915	中带东区
73	福建建瓯盛地杉木王	福建省建瓯市东游镇盛地村	26°57′38″N，118°45′50″E	888	中带东区
74	福建顺昌洋墩杉木王	福建省南平市顺昌县洋墩乡蔡坑村	26°59′59″N，117°54′33″E	532	中带东区
75	福建浦城古楼杉木王	福建省南平市浦城县古楼镇上云村	28°01′37″N，118°23′09″E	886	中带东区
76	福建浦城三元杉木王	福建省南平市浦城县仙阳镇三元村	27°59′24″N，118°30′09″E	356	中带东区
77	福建浦城上洋杉木王	福建省南平市浦城县仙阳镇上洋村	28°04′24″N，118°25′06″E	897	中带东区
78	福建武夷山上梅杉木王	福建省南平市武夷山上梅乡地尾村	27°43′33″N，118°11′15″E	886	中带东区
79	福建政和铁山杉木王	福建省南平市政和县铁山镇锦屏村	27°25′24″N，119°05′51″E	765	中带东区

编号	名称	地点	经纬度	海拔（m）	分布产区
80	福建政和石屯杉木王	福建省南平市政和县石屯镇洋后村	27°19′25″N，118°44′56″E	213	中带东区
81	福建政和外屯杉木王	福建省南平市政和县外屯乡稠岭村	27°18′06″N，119°01′54″E	1069	中带东区
82	福建政和杨源杉木王	福建省南平市政和县杨源乡杨源村	27°09′09″N，119°00′58″E	867	中带东区
83	福建政和镇前杉木王	福建省南平市政和县镇前镇梨溪村	27°14′53″N，119°04′55″E	963	中带东区
84	福建延平峡阳杉木王	福建省南平市延平区峡阳镇进步街	26°51′38″N，117°59′52″E	110	中带东区
85	福建延平王台杉木王	福建省南平市延平区王台镇溪后村	26°30′00″N，117°35′24″E	152	中带东区
86	福建明溪枫溪杉木王	福建省三明市明溪县枫溪乡邓家村	26°32′28″N，116°49′13″E	771	中带东区
87	福建沙县郑湖杉木王	福建省三明市沙县郑湖乡长村村	26°22′59″N，118°05′31″E	871	中带东区
88	福建永安罗坊杉木王	福建省永安市罗坊乡吴坊村	25°55′19″N，117°01′33″E	643	中带东区
89	福建宁化石壁杉木王	福建省三明市宁化县石壁镇	26°16′18″N，116°28′45″E	387	中带东区
90	福建宁化方田杉木王	福建省三明市宁化县方田乡	26°07′44″N，116°31′37″E	769	中带东区
91	福建宁化城南杉木王	福建省三明市宁化县城南镇	26°12′20″N，116°39′45″E	650	中带东区
92	福建宁化水茜杉木王群	福建省三明市宁化县水茜乡	26°26′00″N，116°39′13″E	570	中带东区
93	安徽休宁板桥杉木王	安徽省黄山市休宁县板桥乡梓坞村	29°35′18″N，117°55′07″E	256	中带东区
94	安徽霍山诸佛庵杉木王	安徽省六安市霍山县诸佛庵镇三河村	31°20′52″N，116°04′46″E	860	北带
95	安徽岳西田头杉木王	安徽省安庆市岳西县田头乡土库村虎形山脚下	30°43′20″N，116°09′52″E	460	北带

第5章 杉木王各论

Chapter Five

Introduction to the individual king of Chinese fir

根据调查结果并综合有关资料，将杉木分布区南、中、北带的 91 株“杉木王”与 4 个“杉木王群”的地理位置、气候条件、生长情况、树龄、传说等分别进行记述，并附相应图片。采用以下法则对每株（个）杉木王（群）进行命名。

即，省名＋县（地级市、区）名＋乡（镇）名＋杉木王，如分布于广西壮族自治区来宾市金秀县六巷乡的杉木王，命名为“广西金秀六巷杉木王”。倘若同一个乡镇有 2 株或 2 株以上杉木王，则用可区别的“村名”或“自然村名”替代“乡镇名”，如下文提到的“福建连城水口杉木王”“福建连城大树兜杉木王”。

一、杉木南带

广西金秀六巷杉木王

地理位置：广西壮族自治区来宾市金秀瑶族自治县六巷乡；经纬度 23°52′25″N，110°10′12″E；海拔 658m。

气候条件：年平均气温 17°C，年平均无霜期为 340 天，年平均降水量 1648mm。

生长情况：树高约 58m，胸径约 1.59m。

树龄：约 280 年。

◁ 广西金秀六巷杉木王（邹显花 摄）

广西金秀六巷杉木王（邹显花　摄）▽

二、杉木中带

1. 杉木中带西区

云南大理银桥杉木王

地理位置：云南省大理白族自治州大理市银桥乡阳乡村苍山兰峰东麓无为寺门口旁边，基部已围石基保护，经纬度 25º41′43″N，100°08′36″E，海拔 2200m。

气候条件：年平均气温 15.0°C，年平均降水量 1350mm。

生长情况：树高 27m（断梢），胸径 2.48m，树干基部中空。

树龄：800 年以上，传种植于北宋年间。

传说：群众说该杉木王是“神树”，信众颇多。树干很大，基部中空成洞；有部分烧焦成炭。群众有从中削下树片煎药除恶气、邪气的习惯。

◁ 云南大理银桥杉木王（引自《云南森林》）

云南马关八寨杉木王

地理位置：云南省文山壮族苗族自治州马关县八寨镇六差塘村上岩脚组；经纬度 23°01′32″N，104°06′13″E；海拔约 1836m；南坡下部。

气候条件：年平均气温 16.9°C，年平均无霜期 327 天，年平均降水量 1414mm。

生长情况：树高约 53.6m，胸径约 1.83m，冠幅约 18m，枝下高约 2.2m，单株材积约 $56.36m^3$。

树龄：约 450 年。

云南大理银桥杉木王（张骁勇　摄）▽

云南大理银桥杉木王（严加亮　摄）▽

2. 杉木中带中区

四川雅安雨城杉木王

地理位置：四川省雅安市雨城区；经纬度 29°56′37″N，103°04′58″E；海拔约 771m。

气候条件：年平均气温 15.6°C，年平均降水量 1050mm。

生长情况：树高约 33m，胸径约 1.66m，冠幅约 23m，活枝下高约 4.5m，单株材积约 28.55m^3。

树龄：不详。

◁ 云南大理银桥杉木王（严加亮　摄）

四川雅安雨城杉木王（江硕　摄）▷

四川泸定磨西杉木王（枯死）

地理位置：四川省甘孜藏族自治州泸定县磨西镇杉树村；经纬度 29°36′24″N，102°05′29″E；海拔 1866m。

气候条件：年平均气温 15.8°C，年平均无霜期 173 天，年平均降水量 750mm。

生长情况：胸径 0.6m，树高 36m，已枯死，仅剩枯干。

树龄：不详。

▽ 四川泸定磨西杉木王（枯死）（江硕　摄）

◁ 四川雅安雨城杉木王（江硕　摄）

四川泸定磨西杉木王

地理位置：四川省甘孜藏族自治州泸定县磨西镇杉树村；经纬度29°36′24″N，102°05′29″E；海拔约1866m。

气候条件：年平气温15.8°C，年平均无霜期173天，年降水量750mm。

生长情况：树高约33.2m，胸径约0.86m，冠幅约11m，活枝下高约12m。

树龄：不详。

传说：由于古“杉木王”周围比较空旷，路经此地的国内外登山旅游者远远就能看到它那雄奇古朴的身影，已成为贡嘎山脚下的著名景观。

▽ 四川泸定磨西杉木王（程飞　摄）

▽ 四川泸定磨西杉木王（程飞　摄）

▽ 贵州剑河毕下杉木王（严加亮　摄）

贵州剑河毕下杉木王

地理位置：贵州省凯里市剑河县久仰乡毕下村；经纬度 26°35′35″N，108°30′07″E；海拔约 815m；东南坡，下坡，坡度 15°。

气候条件：年平均气温 14.9°C，年平均无霜期 288 天，年平均降水量 1200mm。

生长情况：树高约 37m，胸径约 1.82m，冠幅约 15m，枝下高约 4.8m，结实较多。

树龄：不详。

▽ 贵州剑河毕下杉木王（程飞　摄）

▽ *贵州剑河久仰杉木王（严加亮　摄）*

贵州剑河久仰杉木王

地理位置：贵州省凯里市剑河县久仰乡久仰村；经纬度26°35′34″N，108°30′10″E；海拔约808m；东北坡，下坡，坡度15°。

气候条件：年平均气温14.9°C，年平均无霜期为288天，年平均降水量1200mm。

生长情况：树高约39m，胸径约1.18m，冠幅约8.5m，枝下高约12m，无结实。

树龄：不详。

贵州剑河久仰杉木王
（程飞　摄）▷

贵州惠水斗底杉木王

地理位置：贵州省黔南地区惠水县斗底乡党古村下院组；经纬度 26°01′27″N，106°49′53″E；海拔约 1087m；南坡，下坡。

气候条件：年平均气温 16.3°C，年平均无霜期 278 天，年平均降水量 1154mm。

生长情况：树高约 33.3m，胸径约 1.35m，枝下高约 7.4m。

树龄：不详。

◁ 贵州惠水斗底杉木王（程飞 摄）

贵州龙里摆省杉木王

地理位置：贵州省黔南地区龙里县摆省乡果里村；经纬度 26°13′11″N，106°53′21″E；海拔约 1310m；南坡，下坡。

气候条件：年平均气温 14.8°C，年平均无霜期 283 天，年平均降水量 1100mm。

生长情况：树高约 40.6m，胸径约 1.27m，枝下高约 8.05m。

树龄：不详。

贵州龙里摆省杉木王（程飞　摄）▷

△ 贵州长顺白云山杉木王（程飞 摄）

贵州长顺白云山杉木王

地理位置：贵州省黔南地区长顺县白云山镇凉水村巴茅哨组；经纬度 26°11′35″N，106°27′49″E；海拔约 1287m；南坡，下坡。

气候条件：年平均气温 16°C，年平均无霜期 288 天，年平均降水量 1080.8mm。

生长情况：树高约 44.2m，胸径约 1.72m，枝下高约 8.95m。

树龄：不详。

△ 贵州长顺白云山杉木王（严加亮　摄）

△ 贵州长顺白云山杉木王（张骁勇　摄）

贵州石阡甘溪杉木王

贵州石阡甘溪杉木王（张骁勇　摄）▷

地理位置：贵州省铜仁地区石阡县甘溪乡泥山村河坝坪组；经纬度 27°20′24″N，107°59′40″E；海拔约 824m；西南坡，下坡。

气候条件：年平均气温 15.3°C，年平均降水量 1200mm。

生长情况：树高约 42m，胸径约 1.59m，枝下高约 5.2m。无结实，长势衰退严重。

树龄：不详。

▽ 贵州石阡甘溪杉木王（严加亮　摄）

▽ 贵州石阡甘溪杉木王（程飞　摄）

▽ 贵州习水东皇杉木王（严加亮　摄）

贵州习水东皇杉木王

地理位置：贵州省遵义市习水县东皇镇太平村；经纬度 28°23′06″N，106°12′54″E；海拔约 1096m；东南坡，下坡。

气候条件：年平均气温 13.6°C，年平均无霜期 248 天，年均降水量 1420mm。

生长情况：树高约 47m，胸径约 2.3m，材积 84m^3，枝下高约 4.7m，冠幅约 23m，有少量结实。

树龄：800 年以上。

传说：相传 1234 年袁世盟奉诏平播，为平息世族割地之争，以神箭落地为界，倒插一树苗长成。《贵州森林》记载认为该树为我国现存最大的“杉木王”。2002 年 3 月 22 日《人民日报》有文字报道。

▽ 贵州习水东皇杉木王（程飞　摄）

贵州锦屏河口杉木王（杨懿 杨文斌 摄）△

贵州锦屏河口杉木王

地理位置：贵州省黔东南苗族侗族自治州锦屏县河口乡裕河小学旁；经纬度 26°33′02″N，108°56′03″E；海拔约 900m。

气候条件：年平均气温 16.4°C，年平均无霜期约 314 天，年平均降水量 1400mm，相对湿度 80%。

生长情况：树高 18m，胸径 1.1m，冠幅约 14m，两人不能合抱，曾几经火灾和雷击，却依然巍然不动，枝繁叶茂。

树龄：不详。

贵州锦屏河口杉木王（杨懿 杨文斌 摄）▷

湖南常德鼎城杉木王

地理位置：湖南省常德市鼎城区；经纬度 28°39′25″N，111°29′57″E；海拔 286m。

气候条件：年平均气温 16.7°C，年平均无霜期 272 天，年平均降水量 1346.5mm。

生长情况：树高约 16m，胸径约 0.95m，枝下高约 3m，冠幅约 12m，单株材积约 4.53m^3。

树龄：不详。

◁ *湖南常德鼎城杉木王*
（邹显花　摄）

△ 湖南城步长安营杉木王群（侯伯鑫　摄）

湖南城步长安营杉木王群

地理位置：湖南省城步苗族自治县长安营大寨村（侗族），经纬度 26°26′25″N，110°07′73″E；海拔约 834m，位于山地河谷。

气候条件：年平均气温 17.2°C，年平均降水 1625mm。

生长情况：现存 38 株，最大一株树高 30m，胸径 2.25m，冠幅约 15m，单株材积约 $48m^3$。

年龄：1680 年以上。

传说：据传该杉木群为侗族祖先插条栽种。《湖南森林》记载该杉木群植于东晋时代建武年间，沿河边滩地，用插条方式成片造林。据林内立于清乾隆十五年（1750 年）的石碑记载，当时仍存有杉木 200 余株，因修造风雨桥而砍伐了百余株。。

△ 湖南新宁白沙杉木王（侯伯鑫 摄）

△ 湖南新宁白沙杉木王（引自《湖南森林》）

湖南新宁白沙杉木王

地理位置：湖南邵阳市新宁县白沙乡，经纬度 26°23′60″N，110°54′00″E；海拔 1077m。

气候条件：年平均气温 16.8°C，年平均降水量 1415mm。无霜期 255 天。

生长情况：两株并立，胸径分别为 1.16m 和 1.06m。

年龄：500 年以上。

湖北建始官店杉木王

地理位置：湖北省恩施市建始县官店镇白沙村；经纬度30°10′49″N，110°07′04″E；海拔1143m；西南坡，下坡，坡度10°。

气候条件：年平均气温10.2°C，年平均无霜期200天，年平均降水量1550mm。

生长情况：树高约47m，胸径约2.13m，冠幅约10m，枝下高约5.3m，有较多结实。

树龄：958年。

◁ *湖北建始官店杉木王*
（程飞　摄）

△ 湖北建始白沙杉木王

（程飞　摄）

湖北建始白沙杉木王

（程飞　摄）▷

湖北建始白沙杉木王

地理位置：湖北省恩施市建始县官店镇白沙村；经纬度：30°10′48″N，110°07′03″E；海拔 1207m。南坡，中坡，坡度 20°。

气候条件：年平均气温 10.2°C，年平均无霜期 200 天，年平均降水量 1550mm。

生长情况：树高约 35m，胸径约 1.82m，冠幅约 9.3m，枝下高约 7.6m，结实较少。

树龄：900 年以上。

云南镇雄木卓杉木王

地理位置：云南省昭通市镇雄县木卓乡茶卓村；经纬度 27°42′08″N，104°48′38″E；海拔约 1335m；河谷地，缓坡。

气候条件：年平均气温 11.4°C，年平均无霜期 300 天，年平均降水量 1200mm。

生长情况：树冠呈金字塔形，树高约 22.5m，胸径约 1.338m，冠幅约 21m，枝下高约 4.3m，单株材积约 12.5m^3，结实情况较差。有专人管护，曾经被雷击过，枯梢较多。

树龄：约 1300 年。

传说：当地老百姓将此树当作“神树”，每年农历 2 月 19 日、6 月 19 日、9 月 19 日都要烧香祭祀。传说当时村里有人生病久治不愈，村里来了个老婆婆医生给他治病，很快病就好了，为报答救命之恩，此人送了一背篓东西给老婆婆医生。次日老医生已不见踪影，只有那背篓挂于这株杉树枝头，村民见状纷纷传开，说那老婆婆医生就是杉树变的，于是就把该树奉为“神树”。此后，若是有村民伤风感冒或是肠胃不适，只要摘取该树一些叶子和树皮熬汤喝了即可痊愈。

◁ 云南镇雄木卓杉木王（严加亮　摄）

▽ 云南镇雄木卓杉木王（张骁勇　摄）

3. 杉木中带东区

湖南炎陵瓜寮杉木王

地理位置：湖南省株洲市炎陵县十都镇瓜寮村；经纬度 26°32′ 50″N，113°56′27″E；海拔 294m。

气候条件：年平均气温 14.7°C 之间，年平均无霜期 288 天，年平均降水量 1761.5mm。

生长情况：树高约 25m，胸围 3.6m，在树干离地 10m 处分为两枝，实为罕见。

树龄：200 年以上。

湖南炎陵瓜寮杉木王

（钟海雁　摄）▷

湖南炎陵深垅杉木王
（钟海雁　摄）▷

湖南炎陵深垅杉木王

地理位置：湖南省株洲市炎陵县十都镇深垅村树山口；经纬度 26°32′54″N，113°55′45″E；海拔 419m。

气候条件：年平均气温 14.7°C，年平均无霜期 288 天，年平均降水量 1761.5mm。

生长情况：树高约 32.6m，胸径约 1.59m。

树龄：200 年以上。

传说：历史上十都镇深垅村树山口古杉树有两棵，大小差不多，一左一右分立小河两岸，村民亲切地称为“夫妻树”，一直拱卫着深垅村的“好风水”。很久前其中一株死了，传说剩下的这株杉树很“伤心”，一个月里全村“鸡犬不啼”，让人难以理解。随着炎陵县十都旅游业的兴起，深垅村借“杉木王”搞起了开发旅游，投资 6 万余元，清理过去填埋的泥土、围绕古树浆砌护栏、立保护标示、建观景平台、原有“夫妻树”的位置上“配妻”栽杉，为红色十都再增添绿色景观。

◁ 湖南炎陵深垅杉木王
（钟海雁　提供）

▽ 浙江庆元举水杉木王（石宝　摄）

浙江庆元举水杉木王

地理位置：浙江省丽水市庆元县举水乡绿岭村莲花山；经纬度 27°37′13″N，119°03′25″E。海拔约 272m。

气候条件：年平均气温 17.4℃，年平均无霜期 245 天，年平均降水量 1760mm。

生长情况：树高约 35m，胸径约 1.77m，在离地 3.2m 处分成两个大小近似的主干。

树龄：500 年以上。

传说：相传明朝弘治年间，有一吴氏兄弟在腊月天踏雪寻牛，无意中闯入一个避风向阳之山谷，此处青草悠悠，与外围冰天雪地截然不同，实乃风水宝地！两兄弟遂将手中杉条扦插于此，希望日后能长眠于此。流光易逝，百年之后这两根杉条已枝繁叶茂、古木参天。至清朝康熙年间，以适修缮佛塔之需伐去了其中一棵杉木，但砍桩上的萌条再次长成参天大树，正是今天我们所领略到的风采：生机勃勃，硕果累累。这株“杉木王”分叉出的两个挺直树干，宛如吴氏兄弟并肩齐驱，勇往直前。

江西婺源中云杉木王群

地理位置：江西省上饶市婺源县中云镇晓林村文公山保护区；经纬度 29°18′00″N，117°47′60″E；海拔 168m。

气候条件：年平均气温 17.3°C，年平均降水量 1575mm，无霜期 265 天。

生长情况：树高 42.5m，胸径 1.05m，共 16 株杉木，与阔叶树混生。

年龄：800 年以上。

传说：据《江西森林》记载，该树为朱熹手植。1176 年朱熹返乡扫墓，手植杉木 24 株，现保存 16 株。

▽ 江西婺源中云杉木王群（引自《中国杉木》）

▽ 江西婺源中云杉木王群（引自《江西森林》）

江西广昌尖峰杉木王

地理位置：江西省抚州市广昌县尖峰乡沙背村胡家郭下排；经纬度 26°46′32″N，116°28′14″E。

气候条件：年平均气温 18°C，年平均无霜期 273 天，年平均降水量 1700mm，年平均日照 1800 小时。

生长情况：树高约 29m，胸径约 1.55m，材积约 23m^3，树干需六七人合抱，其势犹如巨掌撑天，苍劲挺拔，绿意盎然。

树龄：400 年以上。

◁ 江西广昌尖峰杉木王（梅辉坚 提供）

江西奉新赤岸杉木王

地理位置：江西省奉新县赤岸镇万年宫牌坊华林书院门前；经纬度 28°38′12″N，115°14′45″E；海拔 72m。

气候条件：年平均气温 17.3°C，年平均降水量 1612mm，年平均相对湿度 79%，年平均无霜期 260 天，年平均日照时数 1803 小时。

生长情况：树高约 26m，胸径 0.61m，冠幅约 8m，树梢枯死，但仍苍劲挺拔，直插去霄。

树龄：1000 年以上。

传说：相传这棵古杉为华林书院创办人国子监主簿教育家胡仲尧亲手所植。

江西奉新赤岸杉木王（郭晓敏　摄）▷

▽ 江西万安涧田杉木王

（图片资料来源 ：http://dp.pco" Nli" N" E.com.c" N/dphoto/306418.html）

江西万安涧田杉木王

地理位置：江西省吉安市万安县涧田乡小溪村；经纬度 26°15′39″N，114°59′27″E；海拔 117m。

气候条件：年平均气温 18.4°C，年平均降水量 1387.4mm。

生长情况：树高约 27m，胸径约 1.25m，树冠约 15m。

树龄：1000 年以上。

△ 江西永丰上溪杉木王（罗喜娟 摄）

江西永丰上溪杉木王

地理位置：江西省吉安市永丰县上溪乡双岭村；经纬度 26°54′13″N，115°46′06″E，海拔 800m。

气候条件：年平均气温 18°C，年平均无霜期 279 天，年平均降水量 1577.4mm。

生长情况：树高约 20m，胸径约 1.34m。青翠挺拔，枝叶茂密，树形苍劲，蔚为壮观。

树龄：500 年以上。

江西遂川五斗江杉木王

地理位置：江西省吉安市遂川县五斗江乡五斗江村的木洞自然村；经纬度 26°31′41″N，114°20′25″E；海拔约 300m。

气候条件：年平均气温 18°C，年平均无霜期 280 天，年平均降水量 1600mm。

生长情况：树高约 34m，胸径约 1.0m，枝繁叶茂、生意盎然，号称“遂川杉王”。

树龄：约 300 年。

江西遂川五斗江杉木王
（梅辉坚　摄）▷

江西永丰中村杉木王

地理位置：江西省吉安市永丰县中村乡梨树村；经纬度 26°57′53″N，115°50′02″E；海拔约 520m。

气候条件：年平均气温 17.5°C，年平均无霜期 273 天，年平均降水量 1682mm。

生长情况：树高约 20m，胸径约 1.0m，生长旺盛。

树龄：约 500 年。

江西永丰中村杉木王（罗喜娟　摄）▽

江西永丰中村杉木王（罗喜娟　摄）▷

江西崇义乐洞杉木王

江西崇义乐洞杉木王
（王荣伟 摄）▷

地理位置：江西省赣州市崇义县乐洞乡；经纬度 25°24′23″N，113°57′00″E；海拔 940m。

气候条件：年平均气温 17.6°C，年平均无霜期 275 天，年平均降水量 1460mm。

生长情况：树高约 26m，胸径约 1.28m，冠幅约 13m，枝下高约 5.1m，单株材积约 13.38m^3。

树龄：不详。

◁ 江西崇义乐洞杉木王
（刘训呈 摄）

▽ 江西会昌永隆杉木王（刘训呈　摄）

江西会昌永隆杉木王

地理位置：江西省赣州市会昌县永隆乡；经纬度 25°25′00″N，115°53′10″E；海拔 850m。

气候条件：年平均气温 19.3°C，年平均无霜期 280 天，年平均降水量 1621mm。

生长情况：树高约 33m，胸径约 1.21m，冠幅约 13m，枝下高约 3.4m，单株材积约 15.17m^3。

树龄：不详。

◁ 江西会昌永隆杉木王
（王荣伟　摄）

江西安福山庄杉木王

地理位置：江西省吉安市安福县山庄乡；经纬度 27°30′48″N，114°30′56″E；海拔 564m。

气候条件：年平均气温 18.3°C，年平均无霜期 280 天，年平均降水量 1500mm。

生长情况：树高约 32m，胸径约 1.21m，冠幅约 11m，枝下高约 7m，单株材积约 15.17m^3。

树龄：不详。

△ 江西安福山庄杉木王（刘训呈 摄）

△ 江西安福山庄杉木王（刘训呈　摄）

△ 江西安福山庄杉木王（刘训呈　摄）

广西融水洞乡杉木王

广西融水洞乡杉木王
（邹显花 摄）▷

地理位置：广西壮族自治区柳州市融水县洞乡杆洞屯；经纬度 25°31′19″N，108°45′48″E；海拔 820m。

气候条件：年平均气温 20.4°C，年平均无霜期 307 天，年平均降水量 1645mm。

生长情况：树高约 35m，胸径约 1.85m。树体通直粗圆，长势旺盛，当地村规民约规定全村村民均有责任和义务保护好这株“杉木王”。

树龄：不详。

广西融水洞乡杉木王（邹显花 摄）▽

▽ 广东平远河头杉木王（任晶晶 摄）

广东平远河头杉木王

地理位置：广东省梅州市平远县河头镇黄田村；经纬度 24°42′08″N，115°52′ 03″E；海拔 278m。

气候条件：年平均气温 22.7°C，年平均无霜期 326 天，年平均降水量 1637mm。

生长情况：树高约 28.7m，胸径约 1.28m。

树龄：300~350 年。

▽ 广东平远河头杉木王（任晶晶　摄）

▽ 广东始兴罗坝杉木王（张玫瑰　摄）

广东始兴罗坝杉木王

地理位置：广东省韶关市始兴县罗坝镇都亨乡黄竹坑；经纬度 24°44′52″N，111°29′57″E；海拔 663m。

气候条件：年平均气温 19.6°C，年平均无霜期 296 天，年平均降水量 1825mm。

生长情况：树高约 44m，胸径约 3.73m。

树龄：不详。

▽ 广东始兴罗坝杉木王（任晶晶　摄）

▽ 广东始兴罗坝杉木王（张玫瑰　摄）

▽ 广东怀集下帅杉木王（张玫瑰　摄）

广东怀集下帅杉木王

地理位置：广东肇庆市怀集县下帅壮族瑶族自治乡山奢村；经纬度 24°10′41″N，112°03′46″E；海拔740m。

气候条件：年平均气温 22.1°C，年平均无霜期 332 天，年平均降水量 1560mm。

生长情况：树高约 35m，胸径约 1.16m。

树龄：100 年。

▽ 广东阳山江英杉木王（张玫瑰　摄）

广东阳山江英杉木王

地理位置：广东省清远市阳山县江英镇；经纬度24°30′25″N，112°50′33″E；海拔458m。

气候条件：年平均气温20.3°C，年平均无霜期305天，年平均降水量1850mm。

生长情况：树高约29m，胸径约1.4m。

树龄：420年。

△ 局部（张玫瑰　摄）

△ 局部（任晶晶　摄）

△ 福建闽侯鸿尾杉木王（黄木生　摄）

福建闽侯鸿尾杉木王

地理位置：福建省福州市闽侯县鸿尾乡大罕村；经纬度 26°05′46″N，118°56′22″E；海拔 625m。

气候条件：年平均气温 17.2°C，年平均降水量 1673.9mm。

生长情况：树高约 26.1m，胸径约 0.90m，冠幅约 8.4m，活枝下高约 2.4m。

树龄：不详。

△ 福建闽侯鸿尾杉木王（黄木生　摄）

福建闽清后佳杉木

地理位置：福建省福州市闽清县后佳乡街中村新厝垅；经纬度 26°02′15″N，118°32′55″E；海拔 920m。

气候条件：年平均气温 17.5°C，年平均无霜期 290 天，年平均降水量 1580mm。

生长情况：一株杉木高约 28.5m，胸径约 1.178m，冠幅约 17.9m，活枝下高约 4m；另一株高约 32m，胸径约 1.115m，冠幅约 16.5m，活枝下高约 10m。

树龄：800 年以上。

▽ 福建闽清后佳杉木（黄木生　摄）

▽ 福建闽清后佳杉木（黄木生　摄）

福建永泰大洋杉木王

地理位置：福建省福州市永泰县大洋镇荣兴村；经纬度 25°53′35″N，118°45′25″E；海拔 685m。

气候条件：年平均气温 17°C，年平均无霜期 250 天，年平均降水量 1228mm。

生长情况：树高约 29m，胸径约 0.95m，冠幅约 9.9m，活枝下高约 5.4m。

树龄：不详。

▽ 福建永泰大洋杉木王（黄木生　摄）

▽ 福建永泰大洋杉木王（黄木生　摄）

▽ 福建永泰同安杉木王（黄木生　摄）

福建永泰同安杉木王

地理位置：福建省福州市永泰县同安镇丹洋村；经纬度25°52′30″N，118°45′20″E；海拔688m。

气候条件：年平均气温20.3°C，年平均无霜期300天，年平均降水量1700mm。

生长情况：树高约34.5m，胸径约1.44m，冠幅约15.6m，活枝下高约4.5m。

树龄：不详。

福建永泰霞拔杉木王

地理位置：福建省福州市永泰县霞拔乡上和村；经纬度 25°56′36″N，118°40′39″E；海拔 610m。

气候条件：年平均气温 20.3°C，年平均无霜期 300 天，年平均降水量 1700mm。

生长情况：树高 22.5m，胸径约 0.86m，活枝下高约 6.5m，冠幅约 11.2m。

树龄：不详。

▽ 福建永泰霞拔杉木王（黄木生 摄）

▽ 福建永泰霞拔杉木王（黄木生　摄）

福建蕉城虎坝杉木王

地理位置：福建省宁德市蕉城区虎坝乡彭家村；经纬度 26°44′52″N，119°12′32″E；海拔 887m。

气候条件：年平均气温 14.7°C，年平均无霜期 267 天，年平均降水量 1933.4mm。

生长情况：树高约 17m，胸径约 2.79m，冠幅约 25.0m，顶部遭雷击，仍余 14.5m 高，生长旺盛、枝叶致密、雨水不透，枝条均向下生长，象巨大凉伞，一年可结球果百余斤，为迄今为止发现的福建省最大的"杉木王"。

树龄：唐僖宗光启年彭氏祖先迁居于此所植，至今已 1100 多年。

▽ *福建蕉城虎坝杉木王（黄木生　摄）*

传说：唐末，古田杉洋彭氏三弟兄欲迁徙它处，寻址途经彭家墩，看到这里视野开阔，景色怡人，遂手劈条杉木枝条倒插于此。第二年，途经彭家墩，看到自己倒插的杉木枝竟然成活长出萌芽，遂认为这是一处风水宝地，随后举家迁到彭家墩。

该"杉木王"的枝条皆向下生长，相传"杉木王"是倒插所种。另据彭家墩族谱记载，"彭氏先祖名沐，在唐朝四朝奉官，自古田杉洋枫弯迁到宁德彭家，并种杉木以纪念，距今有一千多年"。彭氏家谱有诗云："枝繁叶茂历悠悠，伴祖肇迁有千秋。馨竹国史传铭志，伞树家声万古流"。"杉木王"在年轻时生长旺盛，枝叶繁茂，高眺天空，傲然独居。几百年前的一天，天空乌云密布，雷霆万钧，在滂沱大雨中，随着一到闪电和巨响，"杉木王"树干的顶部被削去一截。几百年下来，树的顶端又长出侧枝，形成树冠平顶。解放前树基处有一大洞，洞沿着树干延伸五米多高，可以把桌子放进洞内，供数人在里面玩弄，后来洞口慢慢愈合，到 20 世纪 80 年代，洞口还有五六十厘米宽，1990 年后，村民为了保护这珍稀的"杉木王"，就用土把洞口填平。

▽ 福建蕉城虎坝杉木王（黄木生　摄）

福建屏南屏城杉木王

地理位置:福建省宁德市屏南县屏城乡南峭村;经纬度26°56′07″N,118°58′14″E;海拔 1014m。

气候条件:年平均气温 18°C,年平均无霜期 236 天,年平均降水量 1800mm。

生长情况:树高约 26.4m,胸径约 0.92m,冠幅约 12.1m,至今仍生长旺盛,枝叶致密。

树龄:400 年以上。

▽ 福建屏南屏城杉木王(黄木生 摄)

▽ 福建屏南屏城杉木王(黄木生 提供)

福建屏南双溪杉木王

地理位置：福建省宁德市屏南县双溪镇后峭村水尾岗；经纬度 27°02′37″N，119°04′23″E；海拔 1035m。

气候条件：年平均气温 17°C，年平均无霜期 271 天，年平均降水量 1603.5mm。

生长情况：树高约 39.6m，胸径约 1.63m，冠幅 12.6m，生长旺盛，枝叶致密，雨水不透。

树龄：500 年以上。

福建屏南双溪杉木王
（黄木生　摄）▷

▽ *福建屏南双溪杉木王（黄木生 摄）*

▽ 福建屏南双溪杉木王（黄木生　摄）

福建连城林坊杉木王

地理位置：福建省龙岩市连城县林坊乡有福村；经纬度 25°43′19″N，116°41′21″E；海拔 607m。

气候条件：年平均气温 16.6°C 之间，年平均无霜期 291 天，年平均降水量 1734.4mm。

生长情况：树高约 46.9m，胸径约 1.45m，冠幅约 16.3m，活枝下高约 3.9m。

树龄：不详。

▽ *福建连城林坊杉木王（黄木生　摄）*

福建连城文亨杉木王
（黄木生　摄）▷

▽ 福建连城文亨杉木王
（黄木生　摄）

福建连城文亨杉木王

地理位置：福建省龙岩市连城县文亨乡福地村；经纬度 25°40′27″N，116°47′08″E；海拔 378m。

气候条件：年平均气温 16.7°C，年平均无霜期 291 天，年平均降水量 1734.4mm。

生长情况：树高约 26.5m，胸径约 1.07m，冠幅 9.6m，活枝下高约 3.3m。

树龄：不详。

福建连城水口杉木王

地理位置：福建省龙岩市连城县曲溪乡罗胜村水口；经纬度 25°35′58″N，116°56′24″E；海拔 1251m。

气候条件：年平均气温 16.6°C，年平均无霜期 291 天，年平均降水量 1734.4mm。

生长情况：树高约 32.2m，胸径约 1.49m，冠幅约 14.1m，活枝下高约 2.9m。

树龄：不详。

▽ 福建连城水口杉木王（黄木生 摄）

福建连城水口杉木王

（黄木生 摄）▷

福建连城大树兜杉木王

地理位置：福建省龙岩市连城县曲溪乡罗胜村大树兜；经纬度 25°36′08″N，116°56′33″E；海拔 1228m。

气候条件：年平均气温 16.6°C，年平均无霜期 291 天，年平均降水量 1734.4mm。

生长情况：树高约 36.8m，胸径约 1.99m，冠幅约 15m，单株材积近 $40m^3$，活枝下高约 3.5m，2013 年被评为福建十大树王。

树龄：1000 年以上。

传说：据传，宋绍兴初年，罗胜村吴姓鼻祖吴什伍郎迁徙至曲溪，决定在此寻觅一处风水宝地定居。无奈宜居之处难寻，他多次寻觅均未果。一日夜间，其梦见一须发花白的老者飘然而至。老者告诉他：此处乃仙佛胜地，你可溯流而上，若看到一颗大杉树，那颗杉树乃是我的化身，你们便可在彼处定居，我将护庇你们平安。次日，吴什伍郎携妻小沿溪而上，至现在的罗胜村附近，果然看到一株与梦中一样的巨大杉树，便决定在此定居，其后代再次遂不断繁衍壮大。

▽ 福建连城大树兜杉木王（黄木生　摄）

▽ 福建连城大树兜杉木王（引自《福建林业画册》）

▽ 福建连城大树兜杉木王（黄木生　摄）

▽ 福建连城曲溪杉木王群（俞新妥　1981 年摄）

福建连城曲溪杉木王群

地理位置：福建省龙岩市连城县曲溪乡艾胜村，经纬度 25°21′00″N，116°33′36″E，海拔 1260m，近山脊鞍部。

气候条件：年平均气温 16.5°C，年平均降水量 1734mm。

生长情况：古杉群七株并列，树高在 30~33m 左右，胸径约 0.9~1m，树冠稀疏，下部枝条被砍。

年龄：250 年以上。

传说：该古杉木群为当地华家祠堂风水林，华家祠堂就在古杉木群下方。为保护古树，基部都打了大铁钉。1958 年前后下部枝条都被砍，用于育秧棚的支架，因此，树冠很稀疏。

▽ 福建连城赖源杉木王（黄木生　摄）

▽ 福建连城赖源杉木王（黄木生　摄）

福建连城赖源杉木王

地理位置：福建省龙岩市连城县赖源乡黄地村；经纬度 25°35′58″N，117°00′23″E；海拔 765m。

气候条件：年平均气温 16.6C，年平均无霜期 291 天，年平均降水量 1734.4mm。

生长情况：树高约 42.7m，胸径约 1.45m，冠幅约 16.6m，活枝下高约 8.4m。

树龄：不详。

福建连城莒溪杉木王

地理位置：福建省龙岩市连城县莒溪镇乐地村；经纬度 25°31′49″N，116°47′53″E；海拔 727m。

气候条件：年平均气温 16.6°C，年平均无霜期 291 天，年平均降水量 1734.4mm。

生长情况：树高约 31.1m，胸径约 1.18m，冠幅约 19.3m，活枝下高约 3.4m。

树龄：不详。

▽ 福建连城莒溪杉木王（黄木生 摄）

▽ 福建连城莒溪杉木王（黄木生 摄）

福建连城姑田杉木王

地理位置：福建省龙岩市连城县姑田镇郭坑村；经纬度25°43′24″N，116°57′49″E；海拔486m。

气候条件：年平均气温18.3°C，年平均无霜期220天，年平均降水量1644mm。

生长情况：树高约37.4m，胸径约1.28m，冠幅约11.3m，活枝下高约3.3m。

树龄：不详。

福建连城姑田杉木王
（黄木生　摄）▷

▽ 福建上杭步云杉木王（黄木生　摄）

福建上杭步云杉木王

地理位置：福建省龙岩市上杭县步云乡马坊村；经纬度 25°16′27″N，116°52′55″E；海拔 912m。

气候条件：年平均气温 17.5℃，年平均降水量 1537.2mm。

生长情况：树高约 40.5m，胸径约 1.40m，冠幅约 11.3mm，活枝下高约 21.5m。

树龄：不详。

福建上杭步云杉木王（黄木生　摄）▷

福建上杭蛟洋杉木王

地理位置：福建省龙岩市上杭县蛟洋乡塘下村；经纬度 25°13′10″N，116°42′01″E；海拔 658m。

气候条件：年平均气温 17.1°C，年平均无霜期 260 天，年平均降水量 1680mm。

生长情况：树高约 36.5m，胸径约 1.39m，冠幅约 16.1m，活枝下高约 3.8m。

树龄：不详。

▽ 福建上杭蛟洋杉木王（黄木生　摄）

◁ 福建上杭蛟洋杉木王（黄木生　摄）

福建上杭蓝溪杉木王

福建上杭蓝溪杉木王（黄木生　摄）▷

地理位置：福建省龙岩市上杭县蓝溪镇兰溪村；经纬度 24°54′53″N，116°37′38″E；海拔 199m。

气候条件：年平均气温 17.1°C，年平均无霜期 260 天，年平均降水量 1680mm。

生长情况：两株杉木根部交错生长，地上部分分成两株，其中一株树高约 26.1m，胸径约 0.98m，冠幅约 7.8m，枝下高约 1.6m；另一株树高约 25.5m，胸径约 0.88m，冠幅约 8.8m，活枝下高约 2.1m。

树龄：不详。

▽ 福建上杭蓝溪杉木王（梅辉坚　摄）

▽ 福建上杭蓝溪杉木王（梅辉坚　摄）

福建上杭通贤杉木王

地理位置：福建省龙岩市上杭县通贤乡障云村乌石坑自然村的老村口；经纬度 25°18′08″N，116°27′37″E；海拔 334m。

气候条件：年平均气温 17.1°C，年平均无霜期 260 天，年平均降水量 1680mm。

生长情况：树干粗壮，两个成年男子均无法合抱，被村民们奉为“神树”。

树龄：100 年以上。

◁ 福建上杭通贤杉木王（邹镇生 摄）

福建上杭通贤杉木王（邹镇生　摄）▽

福建长汀红山杉木王（丘嘉瑞　摄）▷

福建长汀红山杉木王

地理位置：福建省龙岩市长汀县红山乡山车村；经纬度 25°29′30″N，116°06′29″E；海拔 545m。

气候条件：年平均气温 18.4°C，年平均无霜期 260 天，年平均降水量 1716.4mm。

生长情况：树高约 20m，胸径约 1.3m，需三人合抱，根系发达，树冠遮天蔽日。

树龄：约 540 年。

传说：据说自邱姓在此开祖以来，村民就把它视为神树，在树下建石屋安神位，时常供奉，香火不断。

福建长汀红山杉木王（丘嘉瑞　摄）▷

▽ 福建新罗曹溪杉木王（黄木生　摄）

福建新罗曹溪杉木王

地理位置：福建省龙岩市新罗区曹溪镇黄洋村；经纬度25°02′00″N，117°07′56″E；海拔578m。

气候条件：年平均气温17°C，年平均无霜期270天，年平均降水量1683mm。

生长情况：树高约42m，胸径约1.31m，冠幅约19.2m，活枝下高约5.5m。

树龄：380年以上。

福建新罗小池杉木王

地理位置：福建省龙岩市新罗区小池镇仟儒村；经纬度 25°10′20″N，116°50′ 22″E；海拔 711m。

气候条件：年平均气温 17°C，年平均无霜期 270 天，年平均降水量 1683mm。

生长情况：树高约 23.5m，胸径约 1.39m，冠幅约 9.3m，活枝下高约 2.5m。

树龄：不详。

▽ 福建新罗小池杉木王（黄木生 摄）

▽ 福建新罗小池杉木王（黄木生 摄）

▽ 福建漳平福里杉木王（黄木生　摄）

福建漳平福里杉木王

地理位置：福建省漳平市永福镇福里村；经纬度 25°03′50″N，117°18′11″E；海拔 744m。

气候条件：年平均气温 19.6°C，年平均无霜期 293 天，年平均降水量 1450mm。

生长情况：树高约 14.5m，胸径约 0.84m，冠幅约 6.5m，活枝下高约 3.2m，曾遭受雷击，树干中空。

树龄：560 年以上。

▽ 福建漳平福里杉木王（黄木生　摄）

福建漳平龙车杉木王（黄木生　摄）▷

福建漳平龙车杉木王

地理位置：福建省漳平市永福镇龙车村；经纬度 25°02′40″N，117°12′09″E；海拔 962m。

气候条件：年平均气温 19.6°C，年平均无霜期 293 天，年平均降水量 1450mm。

生长情况：树高约 18.5m，胸径约 1.37m，冠幅约 18.2m，活枝下高约 4.1m。

树龄：200 年以上。

▽ 福建漳平龙车杉木王（黄木生　摄）

△ 福建德化上涌杉木王
（黄木生　摄）

福建德化上涌杉木王

地理位置：福建省泉州市德化县戴云山保护区内的上涌乡后宅村；经纬度 25°41′40″N，118°13′02″E，海拔 780m。

气候条件：年平均气温 17°C，年平均无霜期 273 天，年平均降水量 1800mm。

生长情况：树高约 23m，胸径约 1.50m，冠幅约 18m，活枝下高约 3.5m。

树龄：1010 年以上。

△ *福建德化赤水杉木王*
（黄木生　摄）

福建德化赤水杉木王

地理位置：福建省泉州市德化县赤水镇苏岭村；经纬度 25°38′24″N，118°06′23″E；海拔 855m。

气候条件：年平均温度 17°C，年平均无霜期 200 天，年平均降水量 1700mm。

生长情况：树高约 29m，胸径约 1.39m，冠幅约 8m，活枝下高约 3.5m。

树龄：160 年以上。

福建德化春美杉木王

地理位置：福建省泉州市德化县春美乡双汉村；经纬度 25°40′50″N，118°01′35″E；海拔 894m。

气候条件：年平均温度 17°C，年平均无霜期 260 天，年平均降水量 1700mm。

生长情况：树高约 29m，胸径约 1.22m，冠幅约 12m，活枝下高约 3.2m。

树龄：不详。

▽ 福建德化春美杉木王（黄木生　摄）

福建德化春美杉木王（黄木生　摄）▷

避灾点

福建德化大铭杉木王

地理位置：福建省泉州市德化县大铭乡联春村；经纬度25°41′40″N，118°13′09″E；海拔933m。

气候条件：年平均温度15.6~19.5°C，年平均无霜期260天，年平均降水量1700mm。

生长情况：树高约22m，胸径约0.72m，冠幅约7m，活枝下高约10.4m。

树龄：不详。

◁ *福建德化大铭杉木王*
（黄木生　摄）

福建德化葛坑杉木王

地理位置：福建省泉州市德化县葛坑镇大正村；经纬度25°50′43″N，118°09′48″E；海拔753m。

气候条件：年平均气温18°C，年平均无霜期255天，年平均降水量650mm。

生长情况：树高约27m，胸径约1.63m，冠幅约20m，活枝下高约5.1m。

树龄：110年以上。

福建德化葛坑杉木王
（黄木生　摄）▷

福建德化雷峰杉木王（黄木生　摄）▷

△ 福建德化雷峰杉木王（黄木生　摄）

福建德化雷峰杉木王

地理位置：福建省泉州市德化县雷峰镇荐解村；经纬度：25°39′30″N，118°16′19″E；海拔 820m。

气候条件：年平均气温 17°C，年平均无霜期 300 天，年平均降水量 1700mm。

生长情况：树高约 20m，胸径约 0.89m，冠幅约 9m，活枝下高约 2.3m。

树龄：不详。

福建德化龙门滩杉木王群

地理位置：福建省泉州市德化县龙门滩镇朱地村

气候条件：年平均气温 18°C，年平均无霜期 210 天，年平均降水量 1900mm。

生长情况：五株“杉木王”，互成邻里，成群生长于同一山包，第一株“杉木王”经纬度 25°33′36″N，118°27′46″E，海拔 658m，树高 37m，胸径 0.98m，冠幅 8m，枝下高 17m，有 130 多年；与其相邻的第二株“杉木王”海拔 657m，树高 27m，胸径 0.84m，冠幅 10m，枝下高 15m；第三株“杉木王”海拔 646m，树高 30m，胸径 0.74m，冠幅 12m，枝下高 14m；第四株“杉木王”经纬度 25°33′12″N，118°27′07″E，海拔 706m，树高 18m，胸径 0.67m，冠幅 7m，枝下高 8m；第五株“杉木王”经纬度 25°33′37″N，118°27′45″E，树高 25m，胸径 0.84m，冠幅 11m，枝下高 10m。

▽ 福建德化龙门滩杉木王群（黄木生　摄）

▽ 福建德化龙门滩杉木王群（黄木生　摄）

▽ 福建德化龙门滩杉木王群（黄木生　摄）

福建永春苏坑杉木王

地理位置：福建省泉州市永春县苏坑乡东坑村；经纬度25°24′43″N，118°11′10″E；海拔706m。

气候条件：年平均气温20°C，年平均无霜期330天，年平均降水量1690mm。

生长情况：树高约18m，胸径约0.67m，冠幅约8m，活枝下高约8m。

树龄：不详。

◁ *福建永春苏坑杉木王*
（黄木生 摄）

福建建瓯东际杉木王

地理位置：福建省建瓯市东游镇东际村；经纬度 26°59′32″N，118°48′45″E；海拔 915m。

气候条件：年平均气温 18.7°C，年平均无霜期 286 天，年平均降水量 1664mm。

生长情况：树高约 39.5m，胸径约 1.75m，冠幅约 18.1m，活枝下高约 10.1m。

树龄：500 年以上。

传说：这株“杉木王”曾有一次出现枯萎，周围溪涧断流，农田干旱欠收，村民到处祈求神明保佑，大约三年后这株“杉木王”返青，溪水复流，农田丰收。有一天村里来了一个“福州客”，要寻找一个叫“王彬”的老人，说“王彬”到福州救济了许多贫苦孤儿，现要来答谢这位老人，寻找许久，一天来到“杉木王”前休息，梦见一位白发老人，对他招呼。醒来顿悟“王彬”老人就是“杉木王”的化身。“王彬”二字拆开就是“杉木王”。因此群众把该“杉木王”奉为“神树”。

▽ 福建建瓯东际杉木王（黄木生　摄）

▽ 福建建瓯东际杉木王（黄木生　摄）

福建建瓯盛地杉木王

地理位置：福建省建瓯市东游镇盛地村；经纬度 26°57′38″N，118°45′50″E；海拔 888m。

气候条件：年平均气温 18.7°C，年平均无霜期 286 天，年平均降水量 1664mm。

生长情况：树高约 28.5m，胸径约 0.76m，冠幅约 10.4m，活枝下高约 2.3m。

树龄：120 年以上。

◁ *福建建瓯盛地杉木王*
（黄木生　摄）

福建顺昌洋墩杉木王

地理位置：福建省南平市顺昌县洋墩乡蔡坑村；经纬度 26°59′59″N，117°54′33″E；海拔 532m。

气候条件：年平均气温 18.7°C，年平均无霜期 330 天，年平均降水量 1648mm。

生长情况：树高约 28m，胸径约 0.96m。

树龄：不详。

福建顺昌洋墩杉木王（黄木生　摄）△

福建浦城古楼杉木王

地理位置：福建省南平市浦城县古楼镇上云村；经纬度 28°01′37″N，118°23′09″E；海拔 886m。

气候条件：年平均气温 17.4°C，年平均无霜期 254 天，年平均降水量 1780mm。

生长情况：树高约 22.5m，胸径约 0.96m，冠幅约 9.8m。

树龄：200 年以上。

◁ 福建浦城古楼杉木王（黄木生 摄）

福建浦城三元杉木王

地理位置：福建省南平市浦城县仙阳镇三元村，经纬度 27°59′24″N，118°30′09″E；海拔 356m。

气候条件：年平均气温 17.4°C，年平均无霜期 254 天，年平均降水量 1780mm。

生长情况：树高约 37.75m，胸径约 1.12m，冠幅约 9.75m，活枝下高约 21.05m。

树龄：200 年以上。

▽ 福建浦城三元杉木王（黄木生　摄）

福建浦城三元杉木王
（黄木生　摄）▷

▽ 福建浦城上洋杉木王（黄木生 摄）

▽ 福建浦城上洋杉木王（黄木生 摄）

福建浦城上洋杉木王

地理位置：福建省南平市浦城县仙阳镇上洋村；经纬度 28°04′24″N，118°25′06″E；海拔 897m。

气候条件：年平均气温 17.4°C，年平均无霜期 254 天，年平均降水量 1780mm。

生长情况：两株杉木生长在一起，其中一株杉木高约 30m，胸径约 0.81m，冠幅约 6.3m，活枝下高约 2.36m，至今已 200 多年；另一株杉木高约 28m，胸径约 0.73m，冠幅约 6.1m，活枝下高约 12m，至今已 100 多年。

福建浦城上洋杉木王（黄木生 摄）▷

△ 福建武夷山上梅杉木王
（黄木生　摄）

△ 福建武夷山上梅杉木王
（黄木生　摄）

△ 福建武夷山上梅杉木王
（黄木生　摄）

福建武夷山上梅杉木王

地理位置：福建省南平市武夷山上梅乡地尾村；经纬度 27°43′33，118°11′15″E；海拔 886m。

气候条件：年平均气温 18.3°C，年平均无霜期 265 天，年平均降水量 2000mm。

生长情况：树高约 29.5m，胸径约 0.94m，冠幅约 9.78m，活枝下高约 3.7m。

树龄：850 年以上。

传说：相传理学大师朱熹之父朱松于 1143 年病逝于福建建瓯，朱熹为表孝心，扶父之灵柩前来五夫定居（今属梅山乡地尾村），建墓于此，并在墓旁手植杉木，如今这些杉木仍苍劲遮天，犹如朱子文化生生不息。这株杉木王即位于朱松墓旁，长势尤为奇特，5 根独立的树干源于同根，其枝叶又在树冠处共筑绿荫，仿佛一母同生的五兄弟紧紧相拥，彰显出团结和睦的中华文明之精髓。

福建武夷山上梅杉木王（黄木生　摄）▷

▽ 福建政和铁山杉木王（黄木生　摄）

福建政和铁山杉木王

地理位置：福建省南平市政和县铁山镇锦屏村；经纬度 27°25′24″N，119°05′51″E；海拔 765m。

气候条件：年平均气温 18.5°C，年平均无霜期 250 天，年平均降水量 1600mm。

生长情况：树高约 47.5m，胸径约 1.6m，单株材积 28.9m^3，冠幅约 13.2m，活枝下高约 3.2m。

树龄：不详。

传说：当地开基始祖吴十七，原浙江绍兴人，“五代”时曾任谏议大夫，后亲宦南逃，至锦屏，修炼道术，开田垦荒，并栽了杉木，至今已千年。后来民间传说此杉木曾化作青年，考中状元，故称“状元树”。因此，树下盖了状元庙，香火很盛。近年锦屏有 100 多人考上大学，不少是名牌大学，2006 年村里出了个全县高考状元。

福建政和石屯杉木王

地理位置：福建省南平市政和县石屯镇洋后村；经纬度 27°19′25″N，118°44′56″E；海拔 213m。

气候条件：年平均气温 18.5°C，年平均无霜期 250 天，年平均降水量 1600mm。

生长情况：树高约 26.3m，胸径约 0.95m，冠幅约 8.9m，活枝下高约 10.2m。

树龄：200 年以上。

福建政和石屯杉木王（黄木生 摄）△

▽ 福建政和外屯杉木王（黄木生 摄）

福建政和外屯杉木王

地理位置：福建省南平市政和县外屯乡稠岭村；经纬度 27°18′06″N，119°01′54″E；海拔 1069m。

气候条件：年平均气温 17.4°C，年平均无霜期 252 天，年平均降水量 1600mm。

生长情况：树高约 32.5m，胸径约 1.41m，冠幅约 13.4m，活枝下高约 2.6m。

树龄：400 年以上。

△ 福建政和外屯杉木王（黄木生 摄）

▽ 福建政和杨源杉木王（黄木生　摄）

福建政和杨源杉木王

地理位置：福建省南平市政和县杨源乡杨源村；经纬度 27°09′09″N，119°00′58″E；海拔 867m。

气候条件：年平均气温 18.5°C，年平均无霜期 250 天，年平均降水量 1600mm。

生长情况：树高约 23.6m，胸径约 1.36m，冠幅约 11.9m，活枝下高约 9.6m。

树龄：不详。

福建政和镇前杉木王

地理位置：福建省南平市政和县镇前镇梨溪村；经纬度27°14′53″N，119°04′55″E；海拔963m。

气候条件:年平均气温18.5°C，年平均无霜期250天，年平均降水量1600mm。

生长情况：树高约23m，胸径约0.85m，冠幅约11.2m，活枝下高约3.2m。

树龄：不详。

▽ 福建政和镇前杉木王（黄木生 摄）

福建延平峡阳杉木王

地理位置：福建省延平区峡阳镇进步街；经纬度 26°51′38″N，117°59′52″E；海拔约 110m。

气候条件：年平均气温 18.5°C，年平均降水量 1903mm。

生长情况：树高约 25m，胸径 0.94m，长势旺盛，树繁叶茂。

树龄：100 年以上。

▽ 福建延平峡阳杉木王（曹祖林　摄）

▽ 福建延平峡阳杉木王（曹祖林　摄）

▽ 福建延平王台杉木王（曹祖林　摄）

福建延平王台杉木王

地理位置：福建省南平市延平区王台镇溪后村。经纬度26°30′00″N，117°35′24″E，海拔152m。

气候条件：年平均气温18.5°C，年平均降水量1900mm。

生长情况：树高26.5m，胸径1.05m。

树龄：200年以上。

福建延平王台杉木王（曹祖林　摄）▷

福建明溪枫溪杉木王

地理位置：福建省三明市明溪县枫溪乡邓家村；经纬度 26°32′28″N，116°49′13″E；海拔 771m。

气候条件：年平均气温 18°C，年平均无霜期 255 天，年平均降水量 1800mm。

生长情况：树高约 34m，胸径约 1.20m，冠幅约 8.2m，活枝下高约 5.6m。

树龄：160 年以上。

◁ *福建明溪枫溪杉木王（黄木生　摄）*

福建沙县郑湖杉木王

地理位置：福建省三明市沙县郑湖乡长村村；经纬度 26°22′59″N，118°05′31″E；海拔 871m。

气候条件：年平均气温 18°C，年平均无霜期 251 天，年平均降水量 1700mm。

生长情况：树高约 34m，胸径约 1.08m，冠幅约 13.5m，活枝下高约 5m。

树龄：不详。

▽ *福建沙县郑湖杉木王（黄木生　摄）*

福建永安罗坊杉木王

地理位置：福建省永安市罗坊乡吴坊村；经纬度：25°55′19″N，117°01′33″E；海拔 643m。

气候条件：年平均气温 18.9°C，年平均无霜期 283 天，年平均降水量 1900mm。

生长情况：树高约 34m，胸径约 1.11m，冠幅约 12m。

树龄：250 年以上。

◁ 福建永安罗坊杉木王
（黄木生 摄）

▽ 福建宁化石壁杉木王（黄木生　摄）

▽ 福建宁化石壁杉木王（黄木生　摄）

福建宁化石壁杉木王

地理位置：福建省三明市宁化县石壁镇；经纬度 26°16′18″N，116°28′45″E；海拔 387m。

气候条件：年平均气温 16°C，年平均无霜期 255 天，年平均降水量 1800mm。

生长情况：树高约 8.6m，胸径约 0.59m，冠幅约 5.5m，活枝下高约 4.2m。

树龄：110 年以上。

▽ 福建宁化方田杉木王（黄木生　摄）

福建宁化方田杉木王

地理位置：福建省三明市宁化县方田乡；经纬度 26°07′44″N，116°31′37″E；海拔 769m。

气候条件：年平均气温 18.2°C，年平均降水量 1688mm。

生长情况：树高约 25m，胸径约 1.05m，冠幅约 7.2m。

树龄：不详。

▽ 福建宁化方田杉木王（黄木生　摄）

福建宁化城南杉木王

地理位置：福建省三明市宁化县城南镇；经纬度 26°12′20″N，116°39′45″E；海拔 650m。

气候条件：年平均气温 18.2°C，年平均降水量 1688mm。

生长情况：树高约 28m，冠幅约 8.4m，活枝下高约 9m。

树龄：不详。

▽ 福建宁化城南杉木王（黄木生 摄）

▽ 福建宁化城南杉木王（黄木生　摄）

福建宁化水茜杉木王群

地理位置：福建省三明市宁化县水茜乡；经纬度 26°26′00″N，116°39′13″E；海拔 570m。

气候条件：年平均气温 17.5°C，年平均无霜期 255 天，年平均降水量 1808mm。

生长情况：树高约 32m，胸径约 1.12m，冠幅约 10m，活枝下高约 7m。

树龄：200 年以上。

传说：这片古杉是清代种植的，种植目的是为房屋挡住从山谷刮来的大风。当地村民精心管护着这片杉木林。民国 13 年，宁化县知事（县长）曾想砍伐这些杉木做县衙门梁柱，此举遭到了村民们的强烈反对，村民们想方设法找到当时汀洲知府出面阻止，这片杉木林才未被砍伐，得以保留下来。

▽ 福建宁化水茜杉木王群（俞新妥　摄）

△ 福建宁化水茜杉木王群（黄木生　摄）

△ 福建宁化水茜杉木王群（黄木生　摄）

在当地还流传着这样一个有关这片古杉木的传说，从前，宁化县城有一个财主，为盖房派人四处寻找大杉木做屋柱。当得知有一片特大杉木林时，欲出价 1500 个银元购买 3 株大杉木。村民们虽然十分穷困，但舍不得卖掉为他们挡风的杉木。财主见买卖不成恼羞成怒，带上家丁，来到村里，想强行砍树，但斧头刚触到杉木，砍树人就腹痛难忍，昏倒在树下，如此接二连三，财主见状，以为惊动了树神，急忙扔下斧头，灰溜溜地跑了。虽然这只是个传说，但也体现了村民对古杉的热爱之情。自 1987 年宁化县人民政府对古杉挂牌保护以来，这里便成了宣传森林文化的基地。许多人慕名而来，有的还留下诗词，如："朝阳照古杉，百岁仍苍苍。伟哉育林人，世代相继传。""百年古树未遭灾，幸得众人共挂怀。今后尤当相爱护，此中尽是栋梁材。"

《宁化林业志》记载此片杉木王群是清嘉庆年间当地农民郑万夫、郑万胜兄弟栽植，查郑万夫墓碑，卒于 1816 年，至今已繁衍 7 代，据此推算，杉木王年龄当在 200 年以上。该群里杉木共 32 株，最大一株高 37m，胸径 1m；全片平均树高 30.5m，平均胸径 0.69cm，总蓄积 $178m^3$，占地 1.7 亩。

安徽休宁板桥杉木王

地理位置：安徽省黄山市休宁县板桥乡梓坞村；经纬度29°35′18″N，117°55′07″E；海拔256m；东北坡，下坡，坡度17.5°。

气候条件：年平均气温15.5°C，年平均无霜期236天，年平均降水量1670mm。

生长情况：树高约25m，胸径约0.64m，冠幅约11.3m，枝下高约7.3m，结实较少。

树龄：300年以上。

◁ 安徽休宁板桥杉木王（程飞　摄）

三、杉木北带

安徽霍山诸佛庵杉木王

地理位置：安徽省六安市霍山县诸佛庵镇三河村。经纬度 31°20′52″N，116°04′46″E；海拔 860m。

气候条件：年平均气温 15.2°C，年平均无霜期 285 天，年平均降水量 1400mm。

生长情况：树高约 27m，胸径处分叉成两株，冠幅约 7.4m，活枝下高约 8m。

树龄：不详。

▽ 安徽霍山诸佛庵杉木王（程飞　摄）

▽ 安徽霍山诸佛庵杉木王（程飞　摄）

安徽岳西田头杉木王

地理位置：安徽省安庆市岳西县田头乡土库村虎形山脚下；经纬度 30°43′20″N，116°09′52″E；海拔约 460m。

气候条件：年平均温度 13.5°C，年平均无霜期 195 天，年平降水量 2000mm。

生长情况：树高约 34m，胸径约 1.13m，被誉为“华东第一杉”。这株“杉木王”还有位“弟弟杉”，其略小于这株大杉树。原有 3 株大杉树，“文化大革命”期间被砍伐一株，十分可惜。

树龄：约 700 年。

◁ 安徽岳西田头杉木王
（引自《中国杉树》）

参考文献

[1] 林幼丹，张晨曦．杉木在中国的栽培历史简述 [J]. 自然辩证法通讯，2007, 29(1): 79-82.
[2] 侯伯鑫．我国杉木的起源及发展史 [J]. 农业考古，1996, 1:161-171.
[3] 吴中伦．杉木分布的初步研究 [J]. 地理学报，1955,21(3):275-285.
[4] 彭镇华．从历史文献论杉木起源 [J]. 安徽农学院学报，1984,(2):23-32.
[5] 吴中伦，侯伯鑫．杉木自然分布区的研究 [J]. 林业科技通讯（专刊），1995.
[6] 刘建锋，康峰峰．杉木潜在适生区及其对气候变化的响应 [J]. 西南林学院学报，2010, 30(5):22-24.
[7] 俞新妥．杉木栽培学 [M]. 福州：福建科学技术出版社，1997.
[8] 童孝茂，胡一民．"万木之王"——杉木 [J]. 中国木材，1999, (4): 35-37.
[9] 陈岳武．杉木十一个产地的地理变异 [J]. 南京林产工业学院学报，1980,4:35-44.
[10] 周政贤，陈佛寿，盛炜彤．杉木地理分布及主要商品材生产基地规划的建议 [J]. 林业科学，1981, 17(2): 134-144.
[11] 马祥庆，范繁荣．杉木栽培制度的沿革与思考 [J]. 林业经济问题，1993,(4):58-60.
[12] 王本泉．木中之王—— 杉木 [J]. 绿化与生活，1994, 1:6,7,21.
[13] 江民锦．我国南方杉木文化现象探析 [J]. 生态经济，2010, 11: 44.
[14] 李亦园．人类的视野 [M]. 上海：上海文艺出版社，1996, 60.
[15] 商守善．恩施土家族吊脚楼造型风格审美论析 [J]. 大众文艺：学术版，2010, (2): 81-82.
[16] 赖雨桐．蕉岭石寨土楼 [J]. 广东史志，2005, (4): 56-57.
[17] 陈昌槐．侗寨鼓楼 [J]. 城乡建设，2004, (5): 63-64.
[18] 高家双．侗族鼓楼建筑类型学研究 [D]. 长沙中南林业科技大学，2011.
[19] 谢洪玉．中华民族建筑艺术的瑰宝——侗族风雨桥 [J]. 中国工会财会，2006, (10): 55.
[20] 潘晓军．侗族风雨桥文化 [J]. 广西地方志，2006, (1): 60-62.
[21] 赖惟永，苏秀琴，林乙煌．福建土楼木结构材料现状的初步研究——以永定客家土楼民俗文化村景区的部分土楼为例 [J]. 广东建材，2010, 26(8): 167-169.
[22] 山雨．侗族雕床和雕房 [J]. 民族团结，1995,(2):57.
[23] 夏风．绝代双娇——联与匾 [J]. 收藏界，2011, (1):30-33.
[24] 袁进东．湘西王村的老家具 [J]. 家具与室内装饰，2003, (10): 50-55.
[25] 孙凤．最爱老花窗 [J]. 温州人，2010, 21: 035.
[26] 孙鉴．古琴的选购常识和注意事项 [J]. 乐器，2009, (4): 22-23.
[27] 李贻格．中国杉木栽培史考．林史文集（第一辑）[M]. 北京：中国林业出版社，1989.
[28] 古开弼．生态文化视野下的"十八杉"民俗解析 [J]. 北京林业大学学报：社会科学版，2008, 6(4): 1-15.
[29] 中国民间文艺家协会贵州分会．贵州神话诗论文集 [M]．贵阳：贵州民族出版社，1988.
[30] 浙江民俗学会．浙江风俗简志 [M]．杭州：浙江人民出版社，1986.
[31] 李映发．自明道人与"万代长青林"[J]. 四川文物，1985, (2) : 9.

[32] 韦光正 . 远古苗寨——邑沙 [J]. 城乡建设 , 2009, (3): 77-78.
[33] 吴中伦 , 洪菊生 , 侯伯鑫 , 等 .《左传》“杞”考 [J]. 湖南林业科技 , 1996, 23(2):14-17.
[34] 江西历史博物馆 . 江西贵溪崖墓发掘简报 [J]. 文物 , 1980, 11:1-25.
[35] 江西木材研究所 . 长沙马王堆一号汉墓棺椁木材的鉴定 [J]. 考古 , 1973, 2:128-129.
[36] 单先进 , 熊传新 . 长沙象鼻嘴一号西汉墓 [J]. 考古学报 , 1981, 1:111-130.
[37] 高至喜 , 张中一 . 长沙砂子塘西汉墓发掘简报 [J]. 文物 , 1963, 2:13-24.
[38] 唐汝明 , 卫广扬 , 徐全章 . 安徽天长县汉墓棺椁木材构造及材性的研究 [J]. 考古 , 1979, 4:375-381.
[39] 蒋廷瑜 , 邱钟崙 , 梁肇池 , 等 . 广西贵县罗泊湾一号墓发掘简报 [J]. 文物 , 1978, 9:25-42.
[40] 兰日勇 , 覃义生 . 广西贵县罗泊湾二号汉墓 [J]. 考古 , 1982, 4:355-364.
[41] 鑫森 . 不朽的杉木—— “阴沉木” [J]. 湖南林业 , 1998, (4):28.
[42] 侯伯鑫 , 程政红 , 何洪城 , 等 . 长沙马王堆一号汉墓椁室木材的研究 [J]. 湖南林业科技 , 2001, (4):31-34.
[43] 陈裕 , 罗小飞 . 中国名树鉴赏 [M]. 北京 : 中国建筑工业出版社 , 2010.
[44] 侯伯鑫 . 中国十大杉木 [J]. 植物杂志 , 1996, 5: 31.
[45] 张晋光 . 明清商人与木材贩运 [J]. 林业经济 , 2011,(6): 94-96.
[46] 刘娟 , 张曼 . 杉木化学成分及药理作用研究进展 [J]. 辽宁中医药大学学报 , 2010, 12(9): 8-9.
[47] 龙令洌 . 深挖木商文化底蕴 扮靓杉乡旅游名片“杉乡”重磅打造“锦屏文书”文化品牌 [J]. 中国林业 , 2011, 24: 8.
[48] 王兵 , 马向前 , 郭浩 , 等 . 中国杉木林的生态系统服务价值评估 [J]. 林业科学 , 2009, 45(4): 124-130.
[49] 陈贵 . 话说古树 [J]. 生态文化 , 2006, (3): 24-27.
[50] 钱德仁 . 无为寺前访宋杉 [J]. 林业调查规划 , 1983, 1: 10.
[51] 姜秀波 . 轰动世界的锦屏 10 万件清代林契 [J]. 文史天地 , 2003, (2): 49-53.

后记

为掌握中国“杉木王”资源的分布，国家林业局杉木工程技术研究中心在2010~2012年间分别对全国杉木自然分布的15个省区的杉木王资源进行了调查，实地调查了不同“杉木王”的地理位置、树高、胸径、冠幅、生长环境等，拍摄了相片，并对有关“杉木王”的历史传说进行了广泛收集，形成了比较完整的中国“杉木王”图文资料。

在对“杉木王”的调查过程中，先后得到南方15个省（区）林业厅和各地林业局同仁的大力支持和帮助，特别感谢福建农林大学俞新妥教授、华中农业大学林学院张卓文教授、华南农业大学林学院黄少伟教授和陈红跃教授、广西大学林学院杨梅副教授、中南林业科技大学钟海雁教授、贵州大学林学院喻理飞教授、江西农业大学林学院张露教授和郭晓敏教授、西南林业大学资源学院王晓丽副教授。福建省“杉木王”资源调查主要由黄木生同志组织，其他省区的“杉木王”调查主要由陈细贞同志组织。本书摄影图片主要由黄木生、邹显花、江硕、程飞、张玫瑰、梅辉坚、王荣伟、刘训呈、任晶晶、严加亮、张骁勇、石宝等完成，特别感谢俞新妥教授题写书名，提供了一些极为珍贵的杉木王老照片和资料，并认真逐字修改书稿；陈奶莲、李智、孟李群、王俊鸿等参与了相关文史资料的收集；内业整理主要由吴鹏飞、陈奶莲、李智、邹显花等完成。特别感谢福建农林大学林学院2007级硕士研究生张凯、王兆勇、李阿池、2007级本科生陈长优以及各地林业部门为调查提供的大力支持和帮助！在此对贵州省惠水县林业局、贵州省长顺县林业局、贵州省龙里县林业局、贵州省石阡县林业局、贵州省剑河县林业局、贵州省林业厅野生动物和森林植物管理站、贵州省习水县林业局；广西壮族自治区来宾市林业局、广西壮族自治区金秀县大瑶山国家级自然保护区、广西壮族自治区融水县林业局；湖南省常德市林科所、湖南省城步县林业局、江西省广昌县林业局、江西省永修县林业局、江西省婺源县林业局、浙江省庆元县林业局、湖北省始兴县林业局、安徽省茅山林业局、安徽省霍山县林业局、四川省雅安市雨城区林业局、云南林业职业技术学院、福建省宁德市林业局、屏南县林业局、永春县林业局、华安县林业局、德化县林业局、安溪县林业局、连城县林业局、漳平市五一林场、南平市林业局、延平区林业局、建瓯市林业局、顺昌县林业局、浦城县林业局、明溪县林业局、清流国有林场、宁化县林业科技推广中心、尤溪县林业科技推广中心、沙县林业局等有关单位的热心帮助和大力支持，在此表示最衷心的感谢！

本书在撰写的过程中，虽然进行了多次的补漏和完善工作，但由于杉木分布范围广和长期历史环境的变迁，加上调查收集资料时间有限等原因，“杉木王”书中的遗漏和错误之处恳请专家学者和广大读者给予批评指正。

《中国杉木王》编辑委员会

2014年4月